Dynamics Dynamics

동 역 학

국창호 · 서문원 · 한홍걸

1. 운동학
2. 공정도(PERT & CPM)
3. 기계동역학

부 록

- 동역학 관련 수학공식
- INDEX

YEAMOONSA 예문사

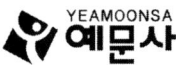

INTRODUCTION

머리말

    동역학은 기계부품을 선정하고 그 부품의 운동 연계성을 조사하여 설계자의 의도에 맞도록 계산하는 과목입니다.
    그러므로 모든 기계공업의 근간이 된다고 할 수 있습니다.

    그러나 기존의 동역학 교재들은 2년제나 3년제의 한학기용 교재로 사용하기에는 그 내용이 너무 방대하고 어려웠습니다.

    그러므로 본서에서는 한 학기 동안 기본부터 간단한 응용까지 기본개념을 익히는 데 초점을 두고 내용을 정리하였으며, 본문에 예제문제와 연습문제를 두어 학습한 내용을 점검할 수 있도록 하였고, 특히 기계공정 설계부분을 통해 계획을 수립할 수 있도록 하였습니다.

    열의와 성의를 다했으나 미흡한 부분이 없지 않을 것이나, 앞으로 계속 수정 보완해 나갈 것입니다.

    끝으로, 이 한 권의 책이 나오기까지 여러모로 도움을 주신 모든 분께 고마움을 표하며, 특히 출간에 아낌없는 노력을 쏟아주신 도서출판 예문사 직원 여러분께 깊은 감사를 드립니다.

2014년
저자 씀

차 례

1장 운동학 ··· 1
    1·1 기본이론 / 1　　　　　　　　1·2 운동학 / 13
    1·3 순간중심(Instant Center) / 23　1·4 기구의 속도 / 31
    1·5 링크장치 / 34　　　　　　　　1·6 구름접촉운동 / 39
    1·7 캠 / 39

2장 공정도(PERT & CPM) ··· 44
    2·1 PERT/CPM / 44

3장 기계동역학 ·· 71
    3·1 동역학 개론 / 71　　　　　　　3·2 운동학 / 73
    3·3 에너지와 운동량 / 83　　　　　3·4 마찰 / 90
    3·5 각운동량과 각역적 / 96　　　　3·6 진동의 개요 / 99
    • 연습문제 / 168

부 록 ·· 193
    동역학 관련 수학공식 / 193
    INDEX / 205

01. 운동학

1·1 기본이론

(1) 운동학

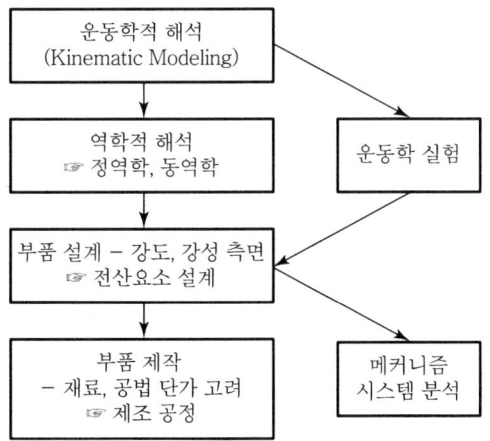

[기계요소(Machine Element)]

1) 운동학 개요

운동학(Mechanism)은 기계운동학(Kinematic of Machine)이라고 하며, 기계의 작동법을 연구하는 학문이다. 따라서 여기서는 기계를 구성하는 요소, 즉 기소의 형태를 연구하며 각 기소의 상호 간의 운동을 지배하는 법칙을 연구한다.

① 동역학(Dynamics)

기계(Machine)란 한정된 운동을 하는 유용한 일을 생산하는 것으로서 작용하는 힘에 의해 기계는 운동을 하며 이 운동을 해석하는 학문이다. 즉, 동력학(Dynamics)이란 기계에서 물체의 운동과 힘과의 관계를 다루는 학문이며 운동학(Kinematics)과 운동역학(Kinetics)으로 구분된다.

㉮ 운동학(Kinematics)

물체의 운동을 발생시키거나 운동을 지속시키는 데 필요한 힘 또는 모멘트는 고려하지 않고, 위치, 변위, 속도, 가속도와 시간과의 변화만 조사하는 학문이다.

㉯ 운동역학(Kinetics)

물체에 가하는 힘과 가속도에 의해 일어나는 운동이나 또는 어떤 운동을 발생시키기 위하여 요구되어지는 힘과 에너지에 관해 연구하는 학문이며 뉴턴(Newton)의 법칙이 운동역학(Kinetics)의 기본이다.

② 정역학(Statics)

정체상태 또는 일정 속도로 운동하는 물체에서 평형(Equilibrium)을 다루는 학문 분야이다.

③ 질점(Particle)과 강체(Rigid Body)

㉮ 질점(Particle)

물체의 모양과 크기를 무시하고 질량만 고려하는 물체로 정의한다. 그러므로 물체가 회전운동을 하지 않는 경우로서 물체의 위치 이동만 고려한다.

㉯ 강체(Right Body)

힘을 가하여도 변형되지 않으며 부서지지 않는 물체를 말한다. 그러므로 물체에 힘이 작용할 시 물체의 모양과 크기의 변화는 발생하지 않으며 운동을 해석할 때에 물체의 위치이동과 자체이동을 고려한다.

㉰ 가요성체(Flexible Body)

힘이나 모멘트가 작용 시 변형하는 물체로서 그 크기도 무시되지 않으며 충격 흡수 시에 주로 사용한다.

④ 운동학의 목적

㉮ 메커니즘과 기계 해석의 목적 : 각 부품의 운동 관계와 구동력을 이해한다.

㉯ 운동학(Kinematics)

㉠ 기구계의 운동, 즉 기계의 변위, 속도, 가속도를 연구
㉡ 요소가 운동을 하도록 기구를 구성함
㉢ 기계 및 도구의 제작에 기초, 기계 설계의 기초
㉣ 운동에 대한 기하 도형을 다룬다.
㉤ 위치와 각도에 대한 변위, 속도, 가속도를 결정한다.

(2) 기계와 기구

　1) 기계(Machine)의 정의
　　① 물체의 조합체
　　② 저항력을 가질 것
　　③ 한정된 구속된 운동
　　④ 유용한 일을 해야 한다.

　2) 구조물(Structure)
　　상호운동이 없는 단일 물체(철교, 철탑)

　3) 공구(Tool)
　　톱, 줄 등과 같은 단일물체로 된 것은 기계가 아니고 공구이다.

　4) 기기(Instrument)
　　저울과 같은 소요의 일을 하기 위하여 에너지의 변환 또는 전달을 하지 않으므로 기계는 아니고 기기이다. 즉 유용한 일을 생성하지 못한다.

　5) 기구(Mechanism)
　　① 기계의 중요 부분으로서 구동력으로부터 운동과 힘을 출력부에 전달하는 기능을 한다.
　　② 임의의 원하는 운동을 하도록 조합 및 연결된 강체들로 구성된다.
　　　예 연필깎이, 카메라 셔터, 아날로그시계, 접는 의자, 높이 조절용 탁상램프, 우산 등

(3) 기구학 용어

　1) 기소와 대우
　　① 기소(Machine Element)

기계를 구성하는 각각의 부품(볼트, 너트, 축, 베어링…)

② 대우(Pair)

2개의 기소가 서로 접촉하여 한정운동을 하는 것

㉮ 한정대우 : 한 가지 운동으로 구속(Closed Pair)

㉯ 비한정대우 : 2가지 이상의 자유운동(Unclosed Pair)

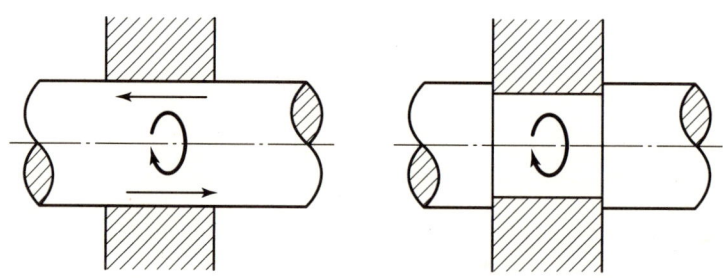

2) 한정대우의 종류

① 저차대우(Lower Pair) : 면 접촉

㉮ 회전대우(Turning Pair) : 회전표면접촉

㉯ 미끄럼대우(Sliding Pair) : 축방향으로 왕복직선 운동

㉰ 나사대우(Screw Pair) : 회전하면서 일정한 비율로 직선 운동

㉱ 구면대우(Spherical Pair) : 접촉면이 구면으로 구성, 마모가 적고 큰 힘을 전달

㉲ 선대우 : 한 쌍의 기어

㉳ 점대우 : Ball Bearing

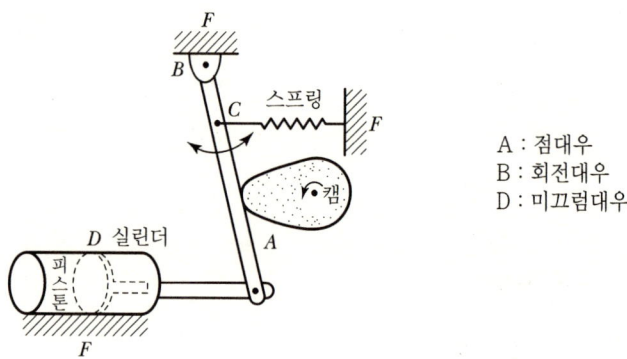

A : 점대우
B : 회전대우
D : 미끄럼대우

② 고차대우(Higher Pair)

선, 점 접촉이 복잡한 운동의 전달, 미끄럼 대우를 이룰 때이며 마모가 심하다.

⇒ 고차 조인트 : 두 링크 간의 회전과 미끄럼이 동시에 발생

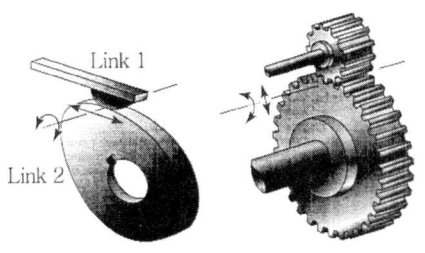

(a) Cam joint   (b) Gear joint

[Higher order joints]

3) 연쇄와 링크

① 연쇄(Chain)

기소가 서로 대우를 이루고 차례차례 연결되어 최후의 기소가 처음의 기소와 대우가 되도록 환상으로 연결된 것을 연쇄라 한다. 고정연쇄와 한정연쇄, 불한정연쇄가 있다.

㉮ 고정연쇄(Locked Chain) : 각 링크 사이의 상호운동이 불가능한 연쇄

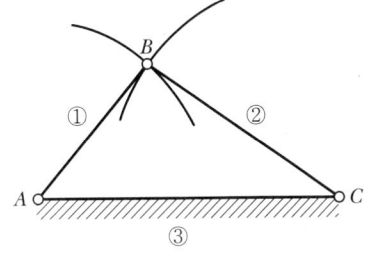

㉯ 한정연쇄(Constrained Chain) : 한 개의 링크에 운동을 주었을 때 다른 링크도 한정된 운동요소가 서로 짝을 이루어 차례로 연결되어 고리모양의 폐합형을 이룬 것

동역학

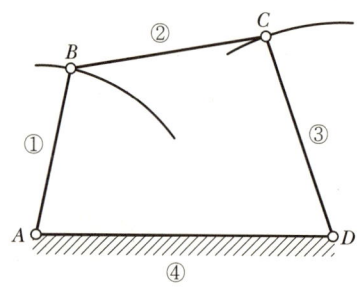

㉰ 불한정연쇄(Unconstrained Chain) : 한 개의 링크에 운동을 주었을 때, 다른 링크가 2가지 이상의 운동

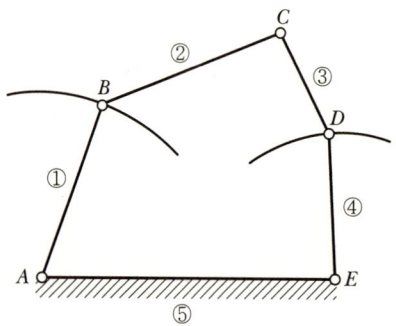

② 절(Link)

연쇄의 하나하나의 기소를 연쇄의 일부로 절이라 한다. 연쇄는 환상을 이루고 있기 때문에 링크에는 반드시 2개 또는 그 이상의 대우가 있으며, 이 대우의 대부분은 한정면대우로 되어 있다.

㉮ 단링크(Simple Link) : 하나의 링크에 2개의 대우를 갖는 것
㉯ 복링크(Compound Link) : 일반적으로 3개 이상의 대우를 갖는 것
㉰ 강성링크(Rigid Link) : 변형이 매우 작아 여러 가지 다른 링크의 운동을 결정할 때 변형을 무시할 수 있는 링크

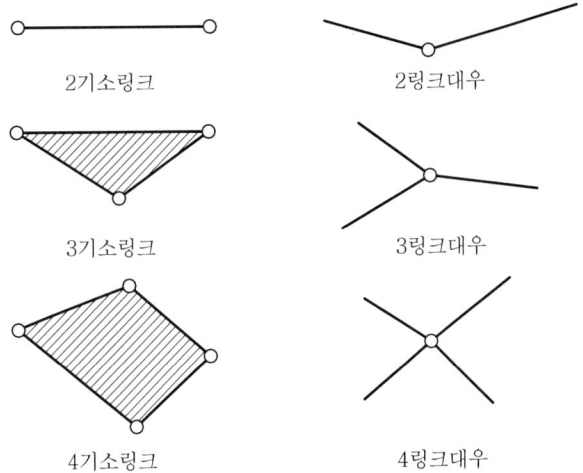

(4) 자유도(DOF ; Degree Of Freedom)

1) 대우의 자유도

① 한쪽의 기소를 고정하고 대우의 구속조건에 따라서 다른 쪽의 기소를 움직일 때의 자유도

② 상대운동이 한 종류이면, 자유도는 1이다.

2) 기구의 자유도

일반적인 기계의 자유도는 먼저 기구 운동으로서 실제로 작용하고 있는 것은 생각하는 점이 하나의 선 위에 구속되어 이동하는 자유도(Degree of Freedom)가 1인 운동이 주가 되고 이를 분류하면 다음과 같다.

① 저차대우의 자유도

㉮ 핀이음

- 회전대우(회전운동)
- 자유도 1

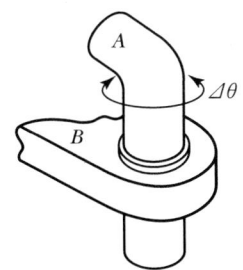

㉯ 프리즘
- 미끄럼대우(병진운동)
- 자유도 1

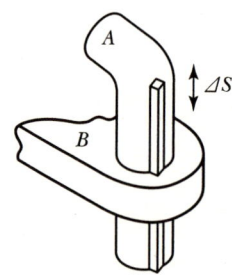

㉰ 나사
- 나사대우(나선운동)
- 자유도 1

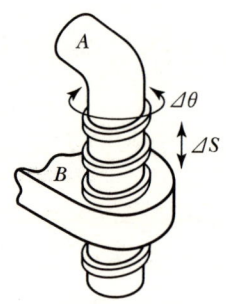

㉱ 실린더
- 면대우(실린더운동)
- 자유도 2

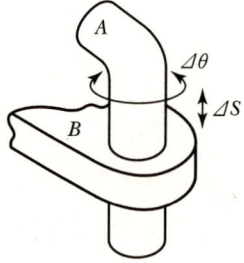

㉤ 구
- 구면대우(구면운동)
- 자유도 3

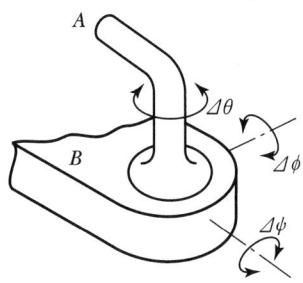

㉥ 평판
- 면대우(평면운동)
- 자유도 3

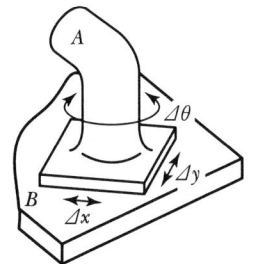

예제문제 1

링크수(N)=6
자유도 1인 절점수=7
자유도 2 이상인 절점수=0
$F = 3(N-1) - 2P_1 - P_2 = 3(6-1) - 2 \times 7 - 0$
$= 1$(한정연쇄)

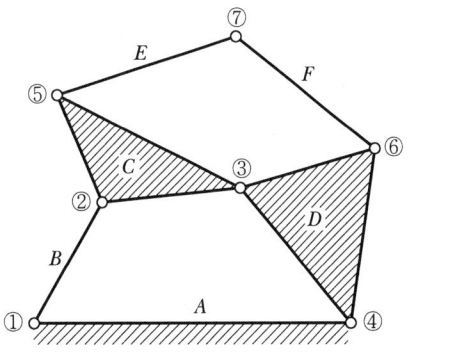

3) 평면 운동기구의 자유도 계산
   ① 그루블러(Gruebler) 방정식
   평면운동을 하고 있는 기구의 자유도의 수를 F라 하면,

   $$F = 3(N-1) - \sum_{f=1}^{f=2} P_f(3-f)$$
   $$= 3(N-1) - [P_1(3-1) + P_2(3-2)]$$
   $$= 3(N-1) - 2P_1 - P_2$$

   이 식에 사용된 기호의 의미는 아래와 같다.
   N : 링크의 수
   P_f : 자유도가 f인 대우의 수

   P_1은 자유도가 1인 대우(회전대우, 미끄럼대우 등)의 수
   P_2는 자유도가 2인 대우의 수

4) 자유도 계산
   ① 절단프레스

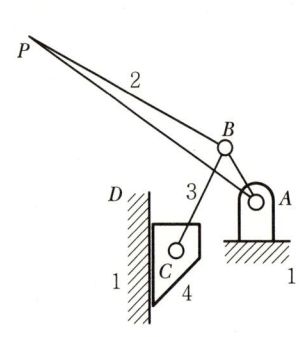

그림의 기구는 아래와 같은 특성을 갖고 있다.
링크의 수 $N = 4$
자유도 1인 대우는 $P_1 = 4$
자유도 2인 대우는 $P_2 = 0$
따라서, 그루블러의 방정식으로부터
$F = 3(N-1) - 2P_1 - P_2$
$\quad = 3(4-1) - 2 \times 4 - 0 = 1$
즉, 이 기구의 자유도는 1이다.

② 바이스

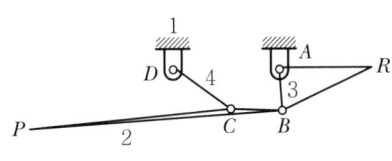

그림의 기구는 아래와 같은 특성을 갖고 있다.
링크의 수 $N=4$
자유도 1인 대우는 $P_1=4$
자유도 2인 대우는 $P_2=0$

따라서, 그루블러의 방정식으로부터
$F=3(N-1)-2P_1-P_2=3(4-1)-2\times4-0=1$
즉, 이 기구의 자유도는 1이다.

(5) 기계운동

1) 기계운동

① 평면운동(Plane Motion)
한 물체의 모든 점이 평행한 평면 위에서 운동을 할 때 그 운동을 말함(병진과 회전의 조합형태)

② 병진운동(Translation)
물체 내의 모든 직선이 평행한 위치로 움직이도록 운동할 때 그 운동을 말함
㉮ 직선 병진운동 : 피스톤
㉯ 곡선 병진운동 : 평행 크랭크 기구

③ 회전운동(Rotation)
물체 내의 모든 점을 운동평면에 수직한 한 선(회전 축)으로부터 일정한 거리를 유지하며 운동할 때 그 운동을 말함

④ 나선운동(Helical Motion)
회전축으로부터 일정한 거리에 있는 한 점이 회전하면서 축에 평행하게 움직이면 이 점은 나선을 그리게 되는데 이 운동을 말함(나사의 운동)

⑤ 구면운동(Spherical Motion)
한 점이 3차원 공간에서 움직이고, 이때 어떤 고정점으로부터 일정한 거리를 유지할 때 이 운동을 말함(볼 소켓 조인트)

2) 운동전달방법

기구에 있어서 최초의 에너지를 받아서 작동하는 링크를 원동절(Driver)이라고 하고 원동절에 의해서 움직여지는 링크를 종동절(Follower)이라 한다.

① 접촉에 의한 운동전달
  ㉮ 구름접촉
  ㉯ 미끄럼접촉
  ㉰ 구름과 미끄럼
② 매개링크에 의한 운동전달
  ㉮ 강성링크에 의한 것: 링크 기구
  ㉯ 가요성 링크(비강성 링크(Flexible connector))에 의한 것 : Belt, Chain, Rope 전동장치
  ㉰ 직접접촉기구사용(Direct-contact Mechanism) : 기어장치
  ㉱ 유성링크에 의한 것 : 수압기
③ 공간전달에 의한 운동전달
  전자기를 이용한 전달장치

1·2 운동학

(1) 벡터

① 스칼라양 : 크기만 고려(거리, 면적, 부피, 시간)

② 벡터양 : 크기와 방향(변위, 속도, 가속도, 힘)

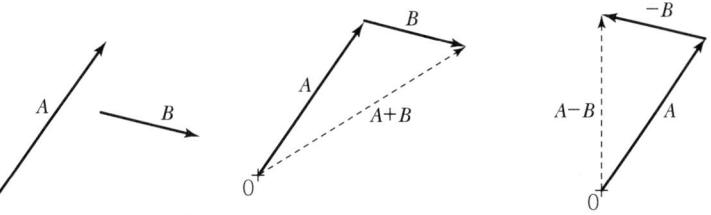

③ 주어진 벡터들의 합성벡터는 순서에 관계없이 하나만을 갖는다.

④ 분해 : 하나의 벡터를 몇 개의 성분으로 나누는 것

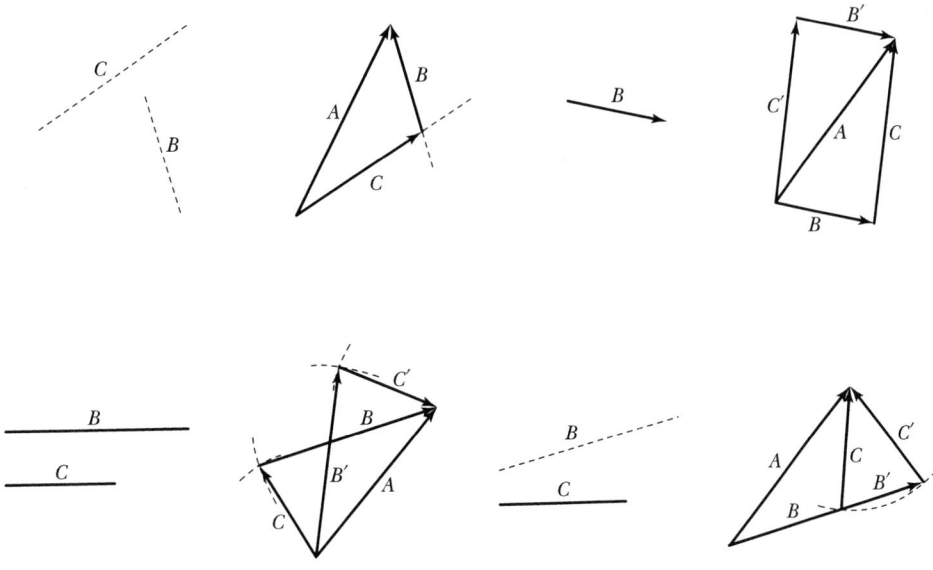

(2) 운동의 성질, 상대운동, 운동의 전달방법

① 동점의 경로 : 점의 연속적인 이동위치의 궤적
② 이동거리 : 운동경로의 길이
③ 직선운동 : 질점이 직선을 따라 운동하는 것

여기서 질점이란 질량은 있으나 크기, 모양이 무시될 정도로 작은 것을 말한다.

1) 선변위와 선속도

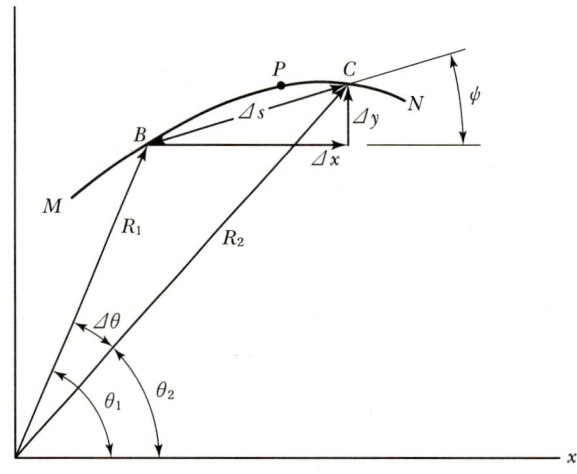

① 선변위

$$\Delta s = \Delta x + \Delta y$$

변위의 크기 $\Delta s = \sqrt{(\Delta x)^2 + (\Delta y)^2}$

x축에 대한 방향 $\Rightarrow \tan\psi = \dfrac{\Delta y}{\Delta x}$

② 선속도 : 선변위의 시간적 변화율 P가 B에서 C로 Δt 동안 이동할 때

평균 속도 : $V_{av} = \dfrac{\Delta s}{\Delta t}$

순간 선속도 : $V = \lim\limits_{\Delta t \to 0} \dfrac{\Delta s}{\Delta t} = \dfrac{ds}{dt}$

2) 각변위와 각속도

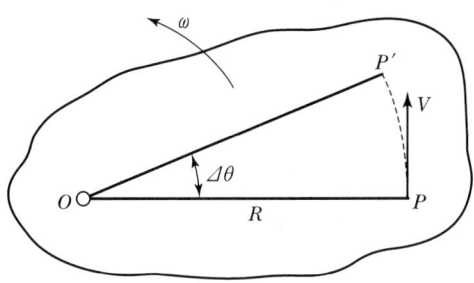

① 평균 각속도

$$\omega_{av} = \frac{\Delta\theta}{\Delta t}$$

② 순간 각속도

$$\omega = \lim_{\Delta t \to 0} \frac{\Delta\theta}{\Delta t} = \frac{d\theta}{dt}$$

③ P에서의 속도의 크기

$$V = \lim_{\Delta t \to 0} \frac{R\Delta\theta}{\Delta t} = R\frac{d\theta}{dt}$$

회전체 내의 모든 점의 회전반지름의 각속도는 모두 같다.
$V = R\omega$ 이므로 선속도는 R에 비례

$$\frac{V_A}{V_B} = \frac{R_A}{R_B}$$

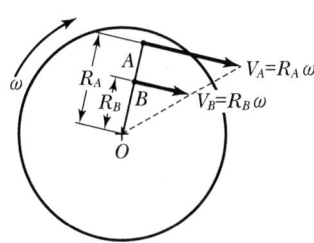

3) 가속도

① 직선가속도 : 선속도의 시간에 대한 변형률

$$a_{av} = \frac{(V-V_o)}{\Delta t} = \frac{\Delta V}{\Delta t}$$

$$a = \lim_{\Delta t \to 0} \frac{\Delta V}{\Delta t} = \frac{dV}{dt} = \frac{d^2 S}{dt^2}$$

② 각가속도 : 각속도의 시간에 대한 변화율

$$\alpha = \frac{\Delta \omega}{\Delta t} = \frac{d^2 \theta}{dt^2}$$

③ 접선가속도 : 선속도의 시간에 대한 크기의 변화

한 점의 가속도는 운동경로에 대해 법선 및 접선방향 또는 이들의 혼합된 방향으로 운동한다. 곡선 운동 시 그 선속도의 방향 변화 시에는 법선가속도가 존재하며 크기 변화 시에는 접선가속도를 갖게 한다.

$$a_t = \lim_{\Delta t \to 0} \frac{\Delta V_t}{\Delta t} = \frac{dV_t}{dt} = R \frac{d\omega}{dt} = R\alpha \qquad (V = R\omega)$$

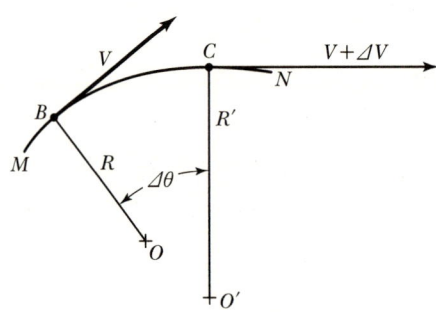

B에서의 접선 가속도 : $A^t = \lim_{\Delta t \to 0} \frac{\Delta V^t}{\Delta t} = \frac{dV^t}{dt}$

$$A^t = R \frac{d\omega}{dt} = R\alpha$$

④ 법선가속도 : 경로에 대한 수직방향의 속도의 시간적 변화율

$$a_n = \lim_{\Delta t \to 0} \frac{\Delta V_n}{\Delta t} = \frac{dV_n}{dt} = V \frac{d\theta}{dt} = V\omega = R\omega^2 = V^2/R$$

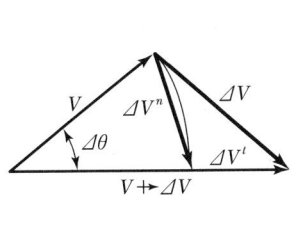 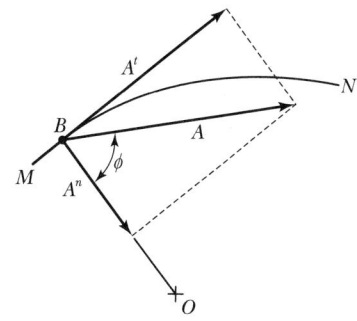

B에서의 법선 가속도 : $A^n = \displaystyle\lim_{\Delta t \to 0} \frac{\Delta V^n}{\Delta t} = \frac{dV^n}{dt}$

$A^n = V\dfrac{d\theta}{dt} = V\omega = R\omega^2 = \dfrac{V^2}{R}$

접선가속도의 크기 : $A = \sqrt{(A^n)^2 + (A^t)^2}$

접선가속도의 방향 : $\phi = \tan^{-1}\left(\dfrac{A^t}{A^n}\right)$

⑤ 가속도

$a = \sqrt{a_n^2 + a_t^2}$

4) 운동학 정리

① 가속도가 상수($a = a_c$)인 경우의 직선운동

$a = a_c$ (가속도가 일정)

예 중력가속도 $g = 9.81\,\mathrm{m/s^2}$인 경우

$a_c = \dfrac{dv}{dt}$를 적분하면, 처음의 시간 $t_1 = 0$이라 하면

$\displaystyle\int_{V_1}^{V_2} dV = \int_{t_1=0}^{t_2} a_c dt, \quad V_2 - V_1 = a_c(t_2 - 0)$

$$V = V_0 + a_c t_2$$

여기서, V : 나중속도, V_0 : 처음속도
t_2 : 최종시간, a_c : 가속도

$$V_2 = \frac{dS}{dt} = V_1 + a_c t_2 \qquad \int_{S_1}^{S_2} dS = \int_{t_1=0}^{t_2}(V_1 + a_c t_2)dt \text{이므로}$$

$$S_2 - S_1 = V_1(t_2 - 0) + \frac{a t_2^2}{2}$$

$$\boxed{S_2 - S_1 = V_0 t + \frac{1}{2} a t^2}$$

여기서, S_2 : 나중변위, S_1 : 처음변위
V_1 : 처음속도, t_2 : 나중시간
a_c : 가속도

$\int_{V_1}^{V_2} v dV = \int_{S_1}^{S_2} a_c dS$ 를 대입하면, $\frac{1}{2}(V_2^2 - V_1^2) = a_c(S_2 - S_1)$

$$\boxed{V_2^2 - V_1^2 = 2a(S_2 - S_1)}$$

여기서, V_2 : 나중속도, V_1 : 처음속도
S_1 : 나중변위, S_1 : 처음변위
a_c : 가속도

5) 절대운동과 상대운동

① 절대운동 : 어떤 정지해 있는 다른 물체에 대한 한 물체의 운동
② 상대운동 : 두 물체의 절대운동에 차가 존재할 때 한 물체는 다른 물체에 대해 상대운동을 한다고 함

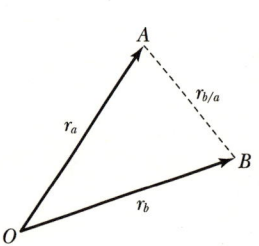

$r_{b/a} = r_b - r_a$: A에 대한 B의 변위

$V_{b/a} = \dfrac{dr_b}{dt} - \dfrac{dr_a}{bt} = V_b - V_a$: A에 대한 B의 속도

$a_{b/a} = \dfrac{dV_b}{dt} - \dfrac{dV_a}{dt} = a_b - a_a$: A에 대한 B의 가속도

예제문제 1

서쪽으로 15m/sec 의 속도로 움직이던 자동차가 10초 후에 남쪽으로 15m/s의 속도로 움직였다. 이때 속도 변화량과 가속도 변화량을 구하여라.

해설
$\Delta V = -15\vec{i} - (-15\vec{j})$

$|\Delta \vec{v}| = \sqrt{15^2 + 15^2} = 21.2132 \text{ m/sec}$

$|\vec{a}| = \dfrac{|\Delta \vec{v}|}{\Delta t} = \dfrac{21.2132}{10} = 2.1213 \text{ m/sec}^2$

예제문제 2

질량 m인 물체가 $t_1 = 5$초일 때 각변위 $\theta_1 = 6\,\text{radian}$ 위치에 있다가 $t_2 = 25$초일 때는 $\theta_2 = 40\,\text{radian}$ 위치로 움직였다. 이때 각속도 변화량과 각 가속도 변화량은?

해설
$\omega_1 = \dfrac{\theta_1}{t_1} = \dfrac{6}{5} = 1.2 \text{ rad/sec},\ \omega_2 = \dfrac{\theta_2}{t_2} = \dfrac{40}{25} = 1.6 \text{ rad/sec}$

$a = \dfrac{\Delta \omega}{\Delta t} = \dfrac{\omega_2 - \omega_1}{\Delta t} = \dfrac{(1.6 - 1.2)}{20} = 0.02 \text{ rad/sec}^2$

예제문제 3

어떤 물체가 일정가속도 $a = 2\,\text{m/s}^2$일 때 만약 정지상태에서 출발하였다면 5초 후의 속도와 위치를 결정하라.

 해설 ① (나중속도) $V = V_0 + at$, $V_2 = V_1 + at_2 = 0 + (2 \times 5) = 10\,\text{m/s}$

② (나중거리) $S_2 = S_1 + V_1 t_2 + \dfrac{1}{2} a_c t_2^2 = 0 + (0 \times 0) + (\dfrac{1}{2} \times 2 \times 5^2) = 25\,\text{m}$

참고 $\Delta S = V_0 t + at^2$, $V_2^2 = V_1^2 + 2a_c(S_2 - S_1)$를 이용하여 나중거리 S_2를 계산해 보면

$10^2 = 0^2 + 2 \times 2(S_2 - 0)$ ∴ $S_2 = 25\,\text{m}$

예제문제 4

자동차의 속도가 $V = (9t^2 + 2t)\,\text{m/s}$로 직선 운동하고 있다. 3초 경과 후 자동차의 위치와 가속도를 결정하라.

 해설 $t = 0$일 때, $S = 0$이다. $V = \dfrac{dS}{dt}$, $ds = Vdt$

$\Delta S = \displaystyle\int_{S_1=0}^{S_2} dS = \int_{t_1=0}^{t_2} (9t^2 + 2t) dt$ 적분하면,

$\left[\dfrac{9}{3} t^3 + \dfrac{2}{2} t^2 \right]_0^3 = 90\,\text{m}$

(나중거리) $S_2 = 3t_2^3 + t_2^2$, $S_2 = (3 \times 3^3) + 3^2 = 90\,\text{m}$

(나중가속도) $a = \dfrac{dV}{dt} = \dfrac{d(9t^2 + 2t)}{dt} = 18t + 2 = (18 \times 3) + 2 = 56\,\text{m/s}^2$

$\Delta S = 3t^3 + 3^2$

예제문제 5

입자가 방정식($s = 20t + 4t^2 - 3t^3$)을 따라 움직이는 상태에 관한 문제이다.

① 입자의 처음 속도는 몇 m/s인가?

② 시간이 $t = 0$일 때, 입자의 가속도는?

③ 입자에 도달된 속도의 최대값은?

해설 ① $v = \dfrac{ds}{dt} = 20 + 8t - 9t^2$, At $t = 0$, $v = 20 + (8)(0) - (9)(0)^2 = 20\,\text{m/s}$

② $a = \dfrac{d^2s}{dt^2} = 8 - 18t$, At $t = 0$, $a = 8\,\text{m/s}^2$

③ 속도 함수가 0일 때, 미분계수를 방정식으로 나타냄으로써 속도 함수의 최대값이 발견된다.
그래서 t에 관하여 풀면

$$v = 20 + 8t - 9t^2 \quad \dfrac{dv}{dt} = 8 - 18t = 0$$

$$t = \dfrac{8}{18}\,s = 0.444\,s$$

$$v_{\max} = 20 + (8)(0.444\,s) - (9)(0.444\,s)^2 = 21.8\,\text{m/s}$$

6) 운동의 전달방법(Method of Transmitting Motion)
   ① 강성연결봉 사용(Coupler) : 가솔린 엔진 등
   ② 가연성 연결절 사용(Flexible Connector) : 벨트나 체인
   ③ 직접접촉기구 사용(Direct-contact Mechanism) : 기어장치
      ㉮ 미끄럼접촉(Sliding Contact) : 미끄럼은 직접접촉기구에서 두 물체가 접촉점을 지나는 접선을 따라서 상대운동을 할 때 존재
      ㉯ 구름접촉(Rolling Contact) : 직접접촉기구에서 미끄럼이 없는 상태의 운동 구름접촉을 하려면 접촉점에서 물체들의 속도가 같아야만 하고(다르면 미끄럼이 발생), 따라서 접촉점이 중심선 위에 있어야 한다.

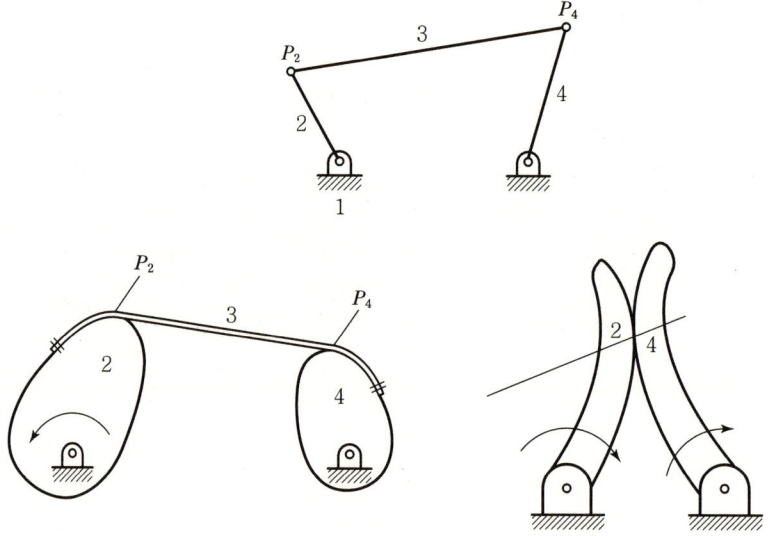

- 링크 2 : 구동절(Driver)
- 링크 4 : 종동절(Follower)
- 링크 3 : 강성 연결봉(Coupler)
- 밴드 3 : 가요성 연결절(Flexible Connect)
- 직접접촉기구 : 구동절과 종동절이 직접 접촉

1·3 순간중심(Instant Center)

(1) 순간중심
 ① 하나의 물체의 평면운동은 모두 어떤 순간에서의 어떤 점을 중심으로 하는 회전운동이라 생각할 수 있는데 이와 같이 어떤 순간에 있어서 회전운동의 중심이 되는 점을 말함
 ② 어떤 한 물체가 영원히 또는 순간적으로 회전할 때 다른 물체 내의 한 점

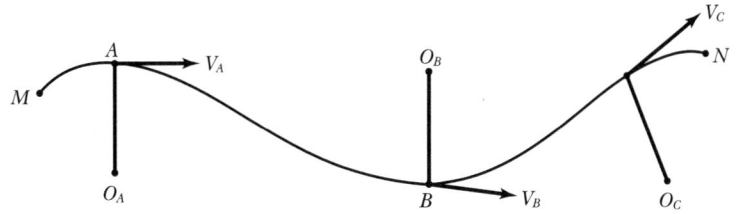

 ③ 선속도의 크기와 방향이 각각 같은 두 물체의 공유점

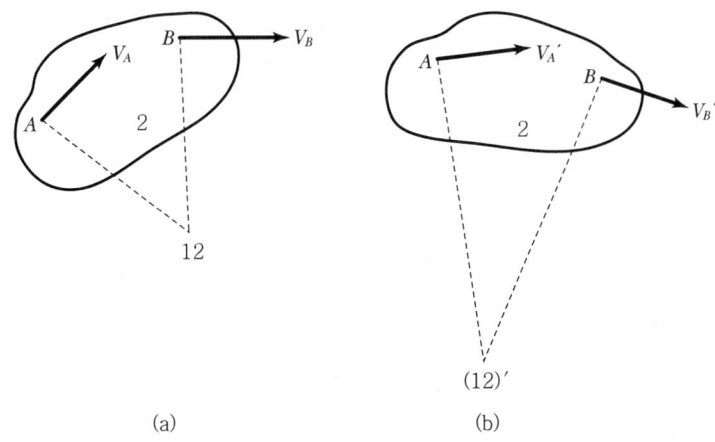

(a)   (b)

(2) 두 점의 방향을 알고 있는 물체의 순간중심
 속도방향의 직각방향의 교점이 그 물체의 순간중심이 된다. 즉 아래 그림에서 A, B의 속도는 각각 순간중심에서의 거리에 비례하므로 물체가 움직일 때 회전중심은 각 순간마다 다른 점이 될 수 있다.

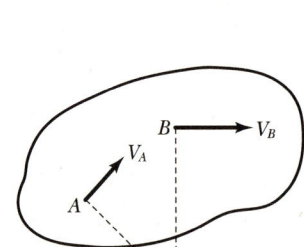 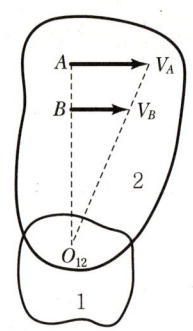

(3) 미끄럼운동을 하는 물체의 순간중심

① 원형홈인 경우 : 두 점의 방향을 알고 있는 물체의 순간중심과 동일
② 직선운동인 경우 : 한 물체가 다른 물체 위에서 미끄럼 운동 시 그들의 공통순간 중심은 미끄럼방향에 수직한 선을 따라 양쪽으로 무한원점에 있다.

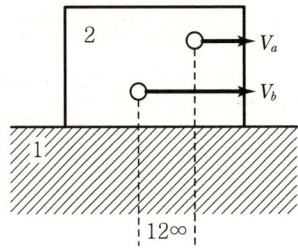

(4) 구름운동의 순간중심

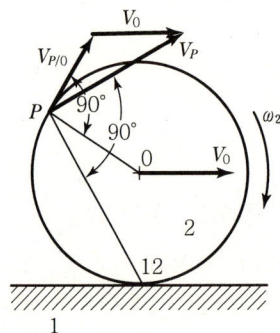

$V_{P/O}$ ⇒ O에 대한 점 P의 운동은 반지름 PO인 회전운동일 때의 상대속도

V_O ⇒ 원판의 중심 O의 속도

P의 절대속도 : $V_P = V_{P/O} + V_O$

원판상의 모든 점은 순간중심 12를 중심으로 원운동한다.

(5) 케네디 정리(Kennedy's Theorem)

서로 상대적인 평면운동을 하는 세 물체는 세 개의 순간중심을 갖고, 이것들은 한 직선상에 있다.

1) 기구의 순간중심 수(Number of Instant Centers for a Mechanism)

$$S = {}_nC_2 = \frac{{}_nP_2}{2!} = \frac{n!}{2(n-2)!} = \frac{n(n-1)}{2} \qquad \text{(n : 링크의 수)}$$

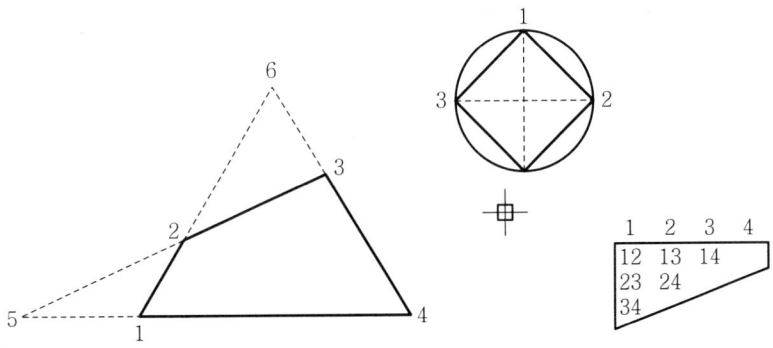

2) 각 기구의 순간중심

① 핀 연결에 있어서의 순간중심 : 각 핀 연결점은 순간중심이다.

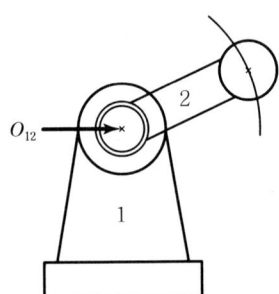

② MN곡선상을 이동하는 물체는 각 구간에서의 속도방향에 직각방향인 OA, OB, OC를 중심으로 회전한다. ⇒ 순간중심
㉮ 원운동 : 항상 OA 점이 순간중심
㉯ 직선운동 : 진행방향에 대하여 직각방향의 무한대의 거리에 있다.

3) 원도법(Circle Diagram Method)
   기본적 순간중심 : 12, 23, 34, 14

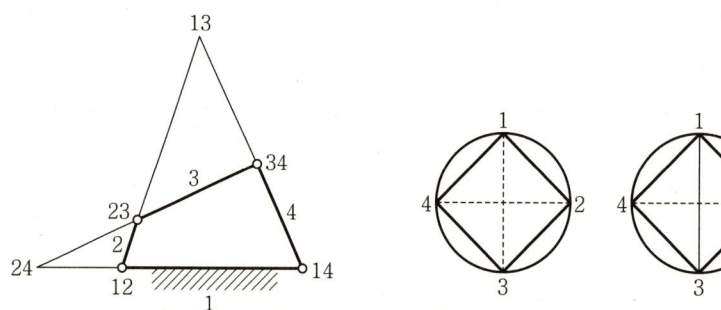

① 링크를 원주상에 등간격으로 표시
② 위치가 결정된 순간중심들은 실선으로 표시
③ 점선이 완성하는 2개의 임의의 삼각형을 찾는다.
    선 13   △123, △341 완성
④ 링크 1, 2, 3은 세 개의 순간중심 12, 23, 13을 갖는다.
⑤ 케네디의 정리에 의해 세 순간중심은 일직선상에 있어야 한다.
⑥ △341도 마찬가지 방법

4) 순간중심을 구하는 방법
   ① 기본적 순간중심을 구함 : 단순한 고찰로 구할 수 있는 것
   ② 케네디정리 적용
   ③ 상대운동의 방향을 이용하는 방법

5) 슬라이더 크랭크 기구의 순간중심
   ① 기본적인 순간중심
      ㉮ 핀 연결점의 순간중심들을 실선으로 도시한다.
      ㉯ 슬라이더의 회전중심은 무한히 먼 곳에 있다는 점에 주의한다.

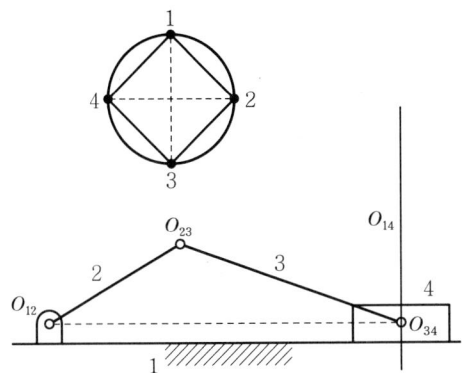

② 순간중심 O_{13}의 위치

점선 13을 포함하는 삼각형 △123과 △341에 케네디의 정리를 적용

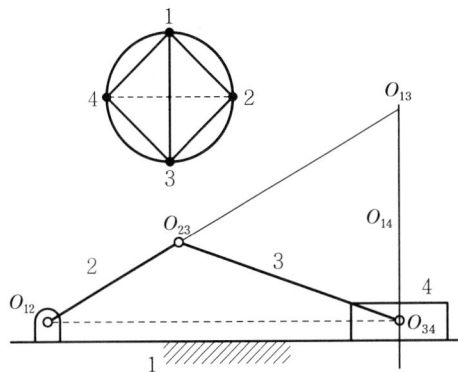

㉮ △123의 세 링크 1, 2와 3의 순간중심 O_{12}, O_{23} 및 O_{13}은 일직선 위에 있다.

㉯ △341을 형성하는 세 링크 3, 4와 1의 순간중심도 일직선 위에 있어야 한다.

㉰ 따라서, 순간중심 O_{13}은 O_{14}와 O_{34}를 연결하는 선의 연장선 위에 존재한다.

㉱ 결국 순간중심 O_{13}은 두 연장선의 교점이다.

③ 순간중심 O_{24}의 위치

O_{13}의 위치를 찾는 방법을 반복하여 결정한다.

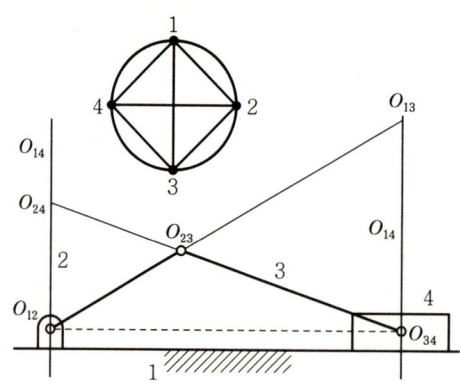

④ 주의사항

무한히 먼 곳에 있는 순간중심 O_{14}는 순간중심 O_{12}로 평행이동될 수 있다

6) Slider-crank Mechanism의 순간중심의 위치

  기본적 순간중심의 위치 : 12, 23, 34, 14

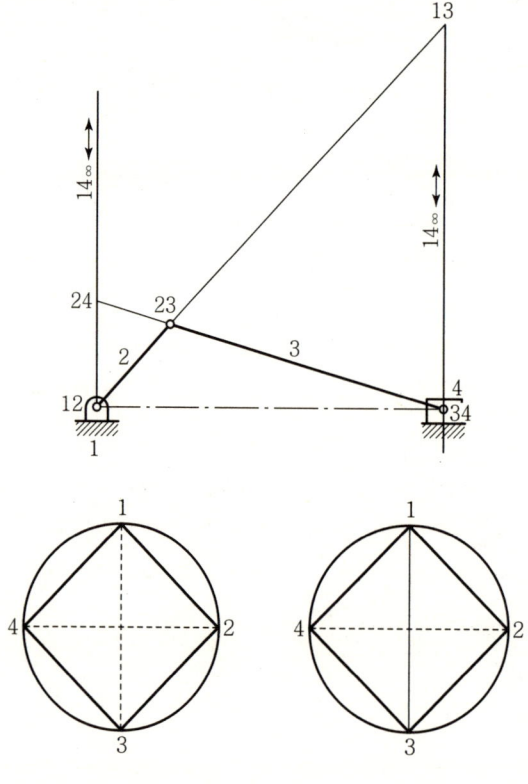

① 순간중심 13 ⇒ 12, 23의 연결선상
　　　　　　　　14, 34의 연결선상
② 순간중심 24 ⇒ 23, 34의 연결선상
　　　　　　　　12, 14의 연결선상

7) 구름접촉과 미끄럼 접촉의 순간중심

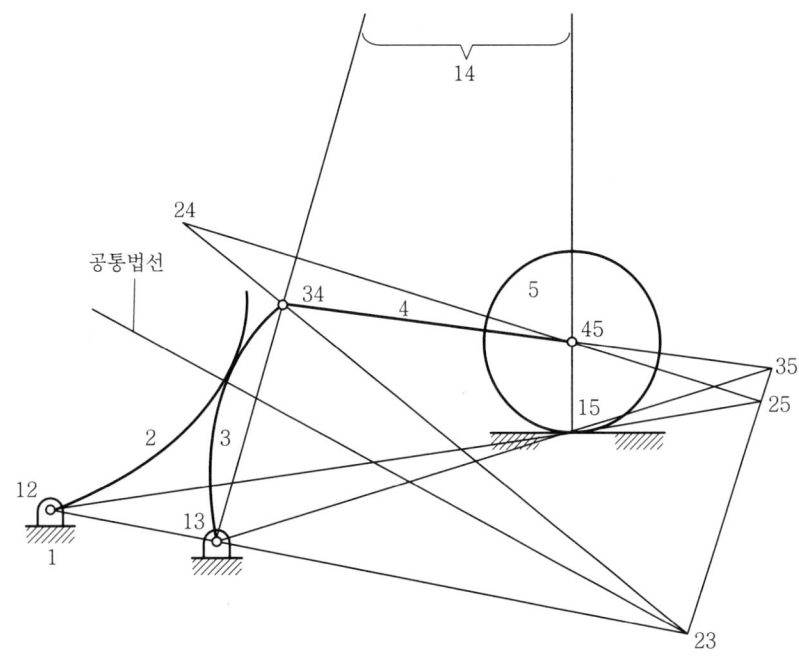

순간중심의 개수 : $N = \dfrac{5 \times 4}{2} = 10$

기본적 순간중심 : 12, 13, 34, 45, 15, 23

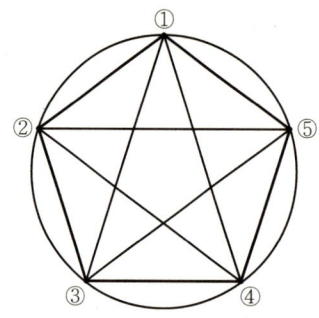

① 14 → (15, 45) (13, 34)
② 35 → (45, 34) (13, 15)
③ 25 → (15, 12) (23, 35)
④ 24 → (45, 25) (23, 34)

(6) 순간중심의 궤적(Centroid)
 ① 이동하는 순간중심의 경로를 원활하게 이은 곡선
 ② 고정센트로이드(Fixed Centroid) : 프레임에 고정된 순간중심의 궤적
 ③ 이동센트로이드(Moving Centroid) : 움직이는 기구와 함께 연속적으로 그 위치가 변화하는 순간중심의 궤적

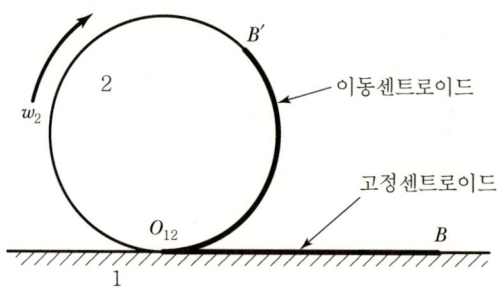

 ④ 비평행 등 크랭크 링크장치의 경우
  • 순간중심 O_{24}가 링크 2 위와 링크 4 위에 만드는 센트로이드는 모두 타원이다.
  • 이들 타원 위에 톱니를 가공하면 한 쌍의 타원기어를 얻을 수 있다.

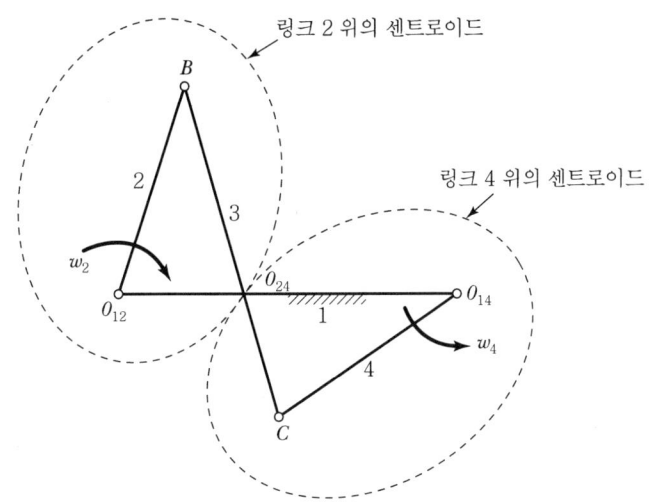

[순간중심과 분해법에 의한 기구의 속도 해법]

1·4 기구의 속도

(1) 순간중심에 의한 속도 해법
  ① 한 회전체 내에 있는 점들의 선속도의 크기는 그 회전반지름에 정비례한다.
  ($V = R \cdot \omega$)
  ② 한 점의 선속도의 방향은 그 점의 회전반지름과 수직한 방향이다.
  ③ 하나의 순간중심은 두 물체의 공유점이고, 크기와 방향이 각각 같은 선속도를 갖는다.

(2) 링크장치의 선속도

  1) 회전반경법(Rotation of Radius Method) or 이송법(Transfer Method)
    ① 두 점이 동일 링크상에 있는 경우
    ② 두 점이 다른 링크상에 있는 경우 ⇒ 이송점(Transfer Point)의 속도 필요

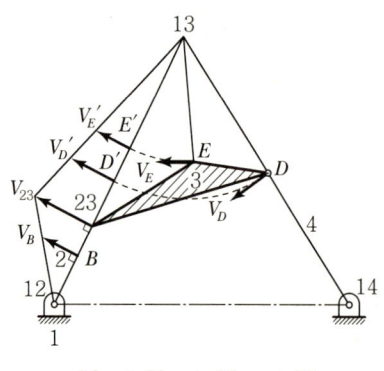
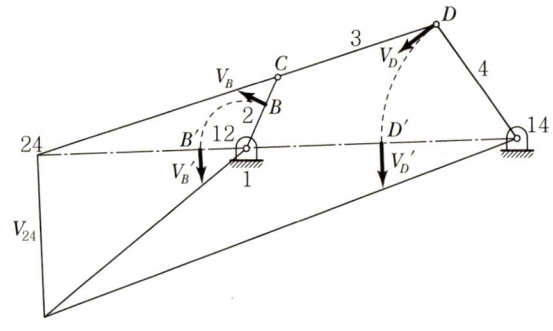

$$V_B \Rightarrow V_{23} \Rightarrow V_{D'} \Rightarrow V_D$$
$$\Rightarrow V_{E'} \Rightarrow V_E$$

$$V_B \Rightarrow V_{24} \Rightarrow V_{D'} \Rightarrow V_D$$

2) 평행선법(Parallel Line Method)

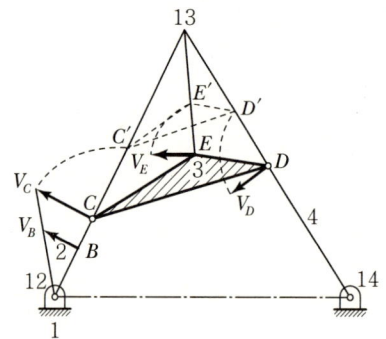

$$V_B \Rightarrow V_C \Rightarrow V_E \Rightarrow V_D$$
$$V_C = \overline{CC'}$$
$$V_E = \overline{EE'}$$

3) 회전반경법, 평행선법

동일 링크 내의 어떤 다른 점의 속도를 알 때 한 점의 속도를 구할 수 있다.

4) 분해법에 의한 속도 해석

① 한 점의 절대 속도는 순간 회전반지름에 수직이다.
② 분해된 어떤 성분의 벡터도 그 벡터 자체보다 항상 작다.
③ 직접접촉기구의 속도를 구하는 데 적합하다.

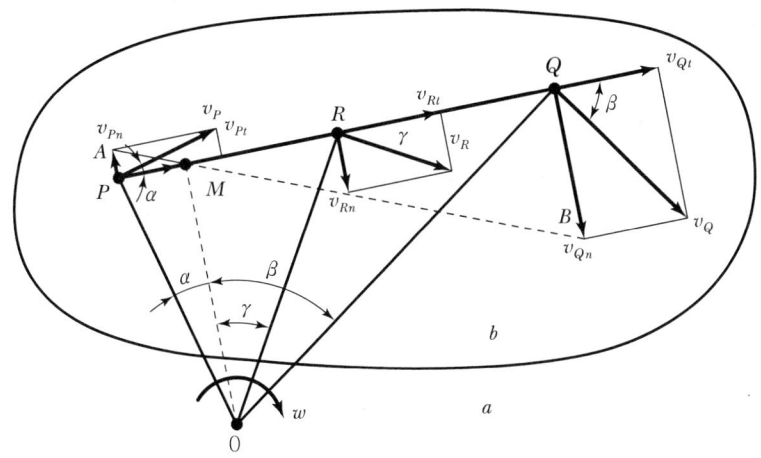

[링크상 점의 분속도]

O : 링크 a, b의 순간중심
P, Q : 상대운동을 하고 있는 링크 b 위의 2점
v_P, v_Q : P, Q의 속도
v_{Pt}, v_{Qt} : P, Q방향의 속도성분
v_{Pn}, v_{Qn} : PQ방향과 수직인 속도성분
M : O에서 PQ에 내린 수선의 끝점

㉮ 링크 b가 강체이므로 PQ의 길이는 운동 중에 불변이어서 이 직선상의 여러 점의 PQ방향의 분속도는 같다.($v_{Pt} = v_{Qt}$)

㉯ 벡터 v_{Pn}, v_{Qn}의 선단을 연결하는 직선은 점 M을 지난다.

$$v_{Pn} = v_P \sin \alpha, \quad v_{Qn} = v_Q \sin \beta$$

$$\frac{v_{Pn}}{v_{Qn}} = \frac{v_P \sin \alpha}{v_Q \sin \beta} = \frac{\overline{OP} \cdot \omega \sin \alpha}{\overline{OQ} \cdot \omega \sin \beta} = \frac{\overline{PM}}{\overline{QM}}$$

△PAM ∽ △QBM이 된다.

PQ상의 다른 점 R에 대하여도 이 점의 분속도 v_{Rn}벡터의 선단은 AB에 온다.

1·5 링크장치

(1) 4절 링크장치

평면 기구 장치의 기본적인 형상으로 4개의 링크와 4개의 조인트로 구성됨

(2) 그라스호프(Grashof) 조건

4절 링크장치의 전이 거동을 링크의 길이에 관하여 알아보는 식

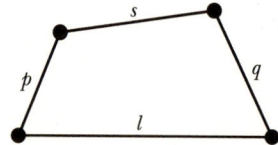

s : 가장 짧은 링크 길이, l : 가장 긴 링크 길이
p : 나머지 2개 중 1개의 길이, q : 마지막 링크 길이

$s + l \leq p + q$

적어도 하나의 링크는 360도 완전 회전할 수 있다.

$s + l > p + q$

Non-Grashof 조건 : 모든 전이는 이중-로커가 되고 어떤 링크도 회전할 수 없다.

1) Grashof 조건의 전이

① 크랭크 로커(Crank-rocker)

㉮ 가장 짧은 링크와 이웃하고 있는 링크 중 하나를 고정한다.
㉯ 가장 짧은 링크는 완전히 회전한다.
㉰ 고정된 평면에 연결된 링크는 왕복운동을 한다.

예제문제 1

아래와 같이 정의된 4절 링크 기구의 Grashof 조건을 결정하고, Crank와 Rocker을 이용하여 Type을 제시하라.

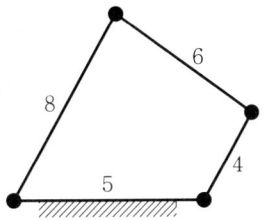

해설 4+8 > 5+6이 되어 Non-Grashof 조건이 된다.
그러므로 링크의 전이는 이중로커가 되고, 어떤 링크도 완전히 회전할 수 없다.

2) 이중 크랭크(Double-cranker)
  ① 가장 짧은 링크를 고정한다.
  ② 고정 평면에 연결된 링크는 완전회전한다.

3) 이중 로커(Double-rocker)
  ① 가장 짧은 링크와 마주보고 있는 링크를 고정한다.
  ② 고정 평면에 연결된 링크는 왕복운동한다.
  단, Non-Grashof 조건일 경우에는 모두 이중 로커(Double-rocker)가 된다.

(3) 4절 링크의 종류
  1) 4절 링크장치

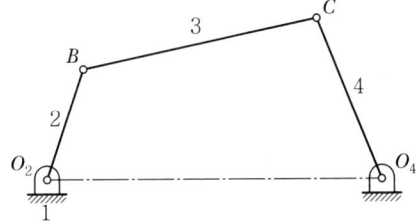

링크 1 : Frame
링크 2, 4 : Crank
링크 3 : 연결봉(Coupler)

2) 평행 크랭크 4절 링크장치

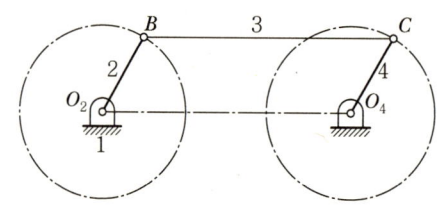

① 크랭크 2, 4의 길이가 같다.
② 연결봉3의 길이는 중심선 O_2O_4의 길이와 같다.
   ⇒ 크랭크 2, 4의 각속도가 같다.
③ 종동절인 링크 4가 링크 3과 동일직선상 : 사점(Dead Point), 사심(Dead Center)
   ⇒ 구동절의 회전방향과 반대로 회전
   ⇒ 관성, 스프링, 중력을 이용하여 원치 않는 사심에서의 역전 방지

3) 비평행 등 크랭크 링크장치

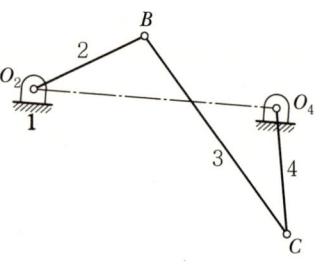

크랭크 2 = 크랭크 4
연결봉 3 = O_2O_4
크랭크가 평행하지 않고 반대방향으로 회전
크랭크 2가 등각속도 ⇒ 크랭크 4 가변각속도

4) 크랭크 및 레버

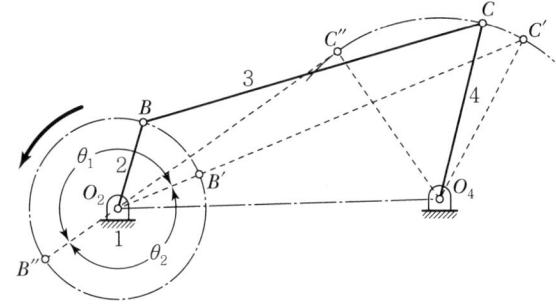

크랭크 2 : Pivot O_2 중심으로 회전

크랭크 4 : O_4 중심으로 왕복요동

작동조건 : $O_2B + BC + O_4C > O_2O_4$

$O_2B + O_2O_4 + O_4C > BC$

$O_2B + BC - O_4C < O_2O_4$

$BC - O_2B + O_4C > O_2O_4$

링크 2 구동크랭크 : 항상 작동

링크 4 구동크랭크 : B', B'' ⇒ 사점

5) Drag link

① 가장 짧은 링크 고정

② 링크 2, 4 : 완전회전

한 크랭크가 등속도 회전 : 다른 링크는 회전방향은 같지만 가변 속력으로 회전

링크의 크기 : $BC > O_2O_4 + O_4C - O_2B$

$BC < O_4C - O_2O_4 + O_2B$

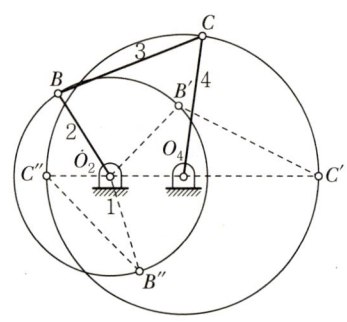

(6) 슬라이더 크랭크 기구

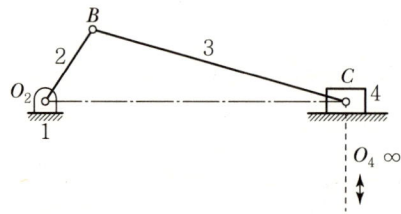

4절 링크장치의 특수형 : 일반 4절 링크장치에서 링크 4의 길이가 무한히 크면 C는
직선운동
크랭크 4는 슬라이더로 대치
가솔린, 디젤기관
한 Cycle에 두 개의 사점위치

1·6 구름접촉운동

(1) 접촉

① 구름접촉(Rolling Contact) : 기계의 접촉점에서 상대속도가 Zero인 점으로 순간중심이 된다.

② 미끄럼 접촉(Sliding Contact) : 기계의 접촉점에서 상대속도가 Zero가 아니므로 미끄럼 접촉을 하며 상대운동을 한다. 그러므로 3 순간중심의 원리에 의하여 두 순간중심의 연직선과 접촉점에 세운 법선과의 교차점이 순간중심이 된다.

1·7 캠

(1) 캠의 종류

캠의 모양과 운동방법에 의한 분류는 종동절과 접촉하는 점의 궤적이 평면 곡선을 가지는 평면 캠과 공간 곡선을 가지는 입체 캠이 있으며, 캠과 종동절 사이의 운동 구속 조건에 의한 분류는 중력 또는 스프링 등의 외력에 의해서 캠의 윤곽곡선을 따르는 소극 캠(Negative Motion Cam)과 외력에 의하지 않고 확실하게 작동되는 확동 캠(Positive Motion Cam)이 있다. 즉, 정면 캠, 원통 캠, 원뿔 캠, 반대 캠 등은 확동 캠에 속한다.

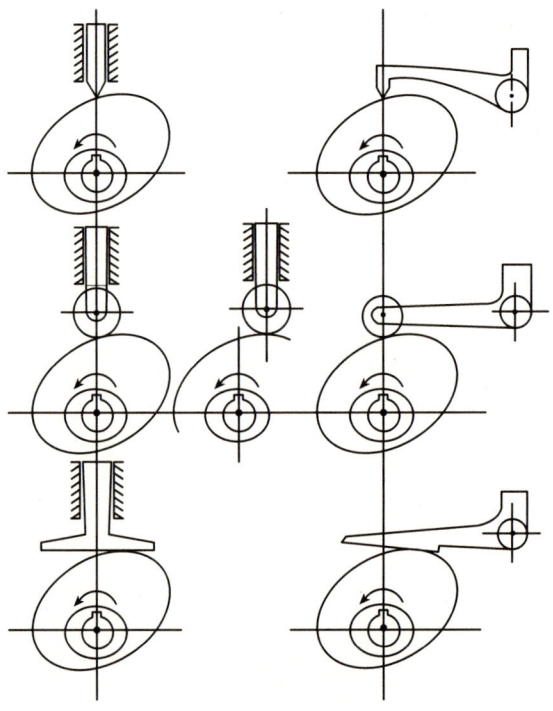

[평면 캠의 종류]

1) 평면 캠
   ① 판 캠
   위 그림과 같이 평면 곡선을 윤곽 곡선으로 가지는 판을 회전시켜서, 그 윤곽에 접하고 있는 종동절이 요구되는 왕복 직선 운동 또는 요동 운동을 하게 하는 캠이다. 캠 가운데 가장 널리 사용되고 있는데, 캠과 접촉하고 있는 종동절의 끝부분의 모양, 운전 조건, 용도 등에 따라 칼날 끝 종동절, 판 종동절, 롤러 종동절 등으로 나눌 수 있다.
   ② 정면 캠
   그림과 같이 판의 정면에 캠의 곡선 홈이 파여 있고, 이 홈에 종동절의 롤러를 끼워서 운동하도록 하는 캠이다.

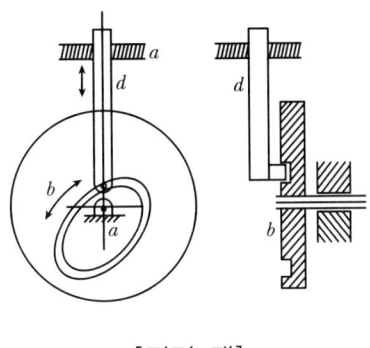

[정면 캠]

③ 직선 운동 캠

　왕복 직선운동에 의하여 종동절을 움직이게 하는 캠이다.

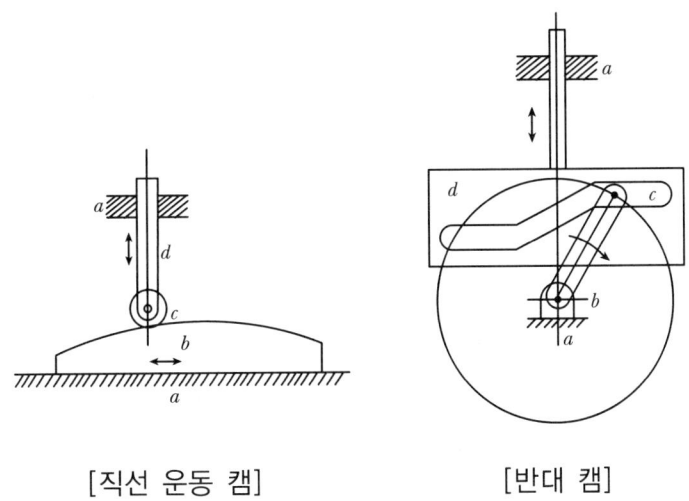

[직선 운동 캠]　　　　[반대 캠]

④ 반대 캠

　종동절에 캠의 윤곽 곡선에 해당하는 홈이 파여 있고, 이 홈에 링크의 롤러를 끼워서 링크를 원동절로 하여 회전시킴으로써 종동절이 위아래로 왕복운동을 하도록 하는 캠이다.

2) 입체 캠
　① 원통 캠
　　원통의 주위에 캠의 윤곽 곡선의 홈을 파고, 이 홈에 종동절에 달린 롤러 또는 핀을 끼운 것인데, 종동절의 운동은 캠인 원통의 회전에 의하여 이루어진다. 이 때, 종동절의 왕복운동은 원통의 회전축에 평행한 방향으로 한다.

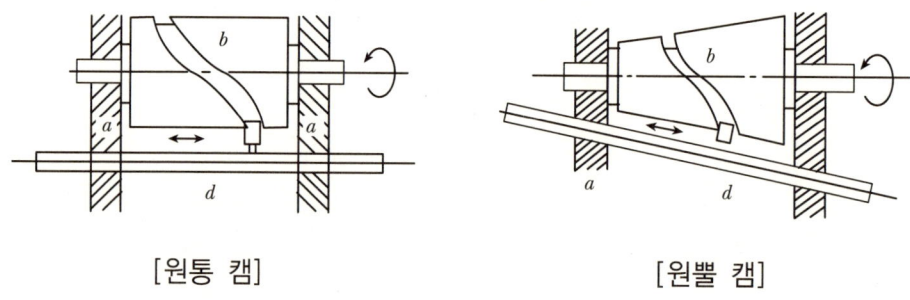

[원통 캠]　　　　　　　　[원뿔 캠]

　② 원뿔 캠
　　원통 대신에 원뿔을 사용한 캠이다. 종동절의 왕복운동은 원뿔의 회전축과 일정한 각도를 이룬다.
　③ 구형 캠
　　구의 표면에 홈을 파서 종동절에 요동 운동을 주는 캠이다.

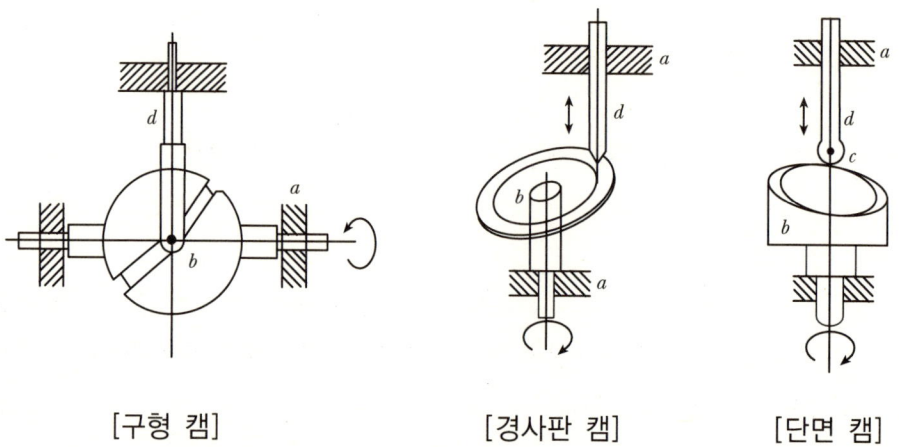

[구형 캠]　　　　[경사판 캠]　　　　[단면 캠]

④ 단면 캠

원통의 단면을 특수한 형태로 하여 종동절이 왕복 직선 운동을 하도록 하는 캠이다.

⑤ 경사판 캠

단면 캠의 일종인데, 그림과 같이 원판을 회전축에 기울어지게 하고, 종동절과의 접촉을 캠축의 중심으로부터 떨어진 곳에서 이루어지게 하여 캠을 회전시킴으로써 종동절을 위아래로 운동하도록 하는 캠이다.

Theme

02. 공정도(PERT & CPM)

2·1 PERT/CPM

PERT(Program Evaluation and Review Technique)란 그물꼴(Network)을 이용하여 사업계획(Project)을 효과적으로 수행할 수 있도록 하는 종합적인 O.R의 기법이다. CPM(Critical Path Method)은 Project관리에서 공기의 단축이 요구될 때 단축해야 할 공정 및 설비 등에 최소비용의 증가로 공사기간을 단축하려는 기법이다.

1. 총공기 및 총비용 계산

요소작업별 공기와 비용이 추정되면 총공기와 총비용을 계산하게 되는데 총공기의 계산은 EDPS에 의하여 용이하게 처리된다.

(1) 총공기 계산

총공기는 계획 공정표상에서 각 개발작업으로 얽혀진 공정에서 가장 긴 작업시간을 요하는 공정의 소요시간으로 한다. 즉 도중에 여유시간 없이 계속 연속된 공정의 소요시간으로, 계획공정표상에서 T_E를 계산함으로써 구할 수 있다. 총공기의 계산은 단계중심과 활동중심으로 나누어 실시하게 되는데 그 계산 요령은 다음과 같다.

① 단계중심의 총공기 계산

㉠ T_E(Earliest Expected Time : 최초시기) : 각 단계가 가장 빨리 시작될 수 있는 시기를 단계의 최조시기라고 한다.

ⓒ T_L(Latest Allowable Time : 최지시기) : T_E에서 계산한 시기에 맞도록 연산하여 각 단계가 가장 늦게 시작해도 좋은 시기를 단계의 최지시기라고 한다.

ⓒ 총공기 계산순서 : 각 단계나 활동의 최조시기(Earliest Event or Activity Time)를 계산하기 위해서는 전진계산(Forward Computation)을 하여야 하고, 최지시기(Latest Event or Activity Time)를 계산하기 위해서는 후진계산(Backward Computation)을 하여야 한다.

② 단계중심의 중공기 계산에서의 주공정(CPM)

주공정(Critical Pass Method)은 최초단계로부터 최종단계에 이르는 공정 중에서 시간적으로 가장 긴 공정인 것이다. 즉, 이는 상대적으로 여유치가 최소가 되는 단계($S=0$)의 연결인 것으로, 그 값이 늦어지면 전체 공정에 영향을 두게 되어 중점 관리해야 할 공정이다.

③ 단계중심의 총공기 계산 및 주공정

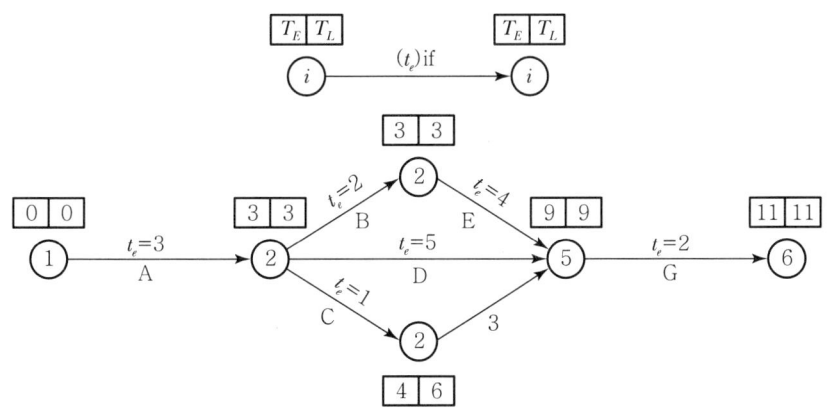

㉠ 전진계산(T_E의 계산) : 계획공정표에 대하여 전진계산을 하면 다음과 같다.
- $(T_E)_1 = 0$
- 다음 단계의 T_E는 선행단계의 T_E에 그 두 단계 사이의 활동 t_e를 가해서 구한다.

  $(T_E)_2 = (T_E)_1 + (t_e)_{1,2} = 0 + 3 = 3$
  $(T_E)_3 = (T_E)_2 + (t_e)_{2,3} = 3 + 2 = 5$
  $(T_E)_4 = (T_E)_2 + (t_e)_{2,4} = 3 + 1 = 4$

- 결합단계는 선행단계의 T_E에 각 두 단계 사이의 활동 t_e를 가한 각 수치 중에서 최대치를 취한다.

  $(T_E)_5 = (T_E)_2 + (t_e)_{2.5} = 3 + 5 = 8$

  $(T_E)_5 = (T_E)_3 + (t_e)_{3.5} = 5 + 4 = 9$

  $(T_E)_5 = (T_E)_4 + (t_e)_{4.5} = 4 + 3 = 7$

  이 중의 최대치는 $(T_E)_5 = 9$

- $(T_E)_6 = (T_E)_5 + (t_e)_{5.6} = 9 + 2 = 11$

ⓒ 후진계산(T_L의 계산) : 계획공정표에 대하여 후진계산을 행하면 다음과 같다.

- 최종단계의 T_L은 예정달성기일(T_P : Projected Completion Time)의 지시가 없는 한 최종 단계의 T_E를 그대로 사용한다.

  즉, $(T_L)_6 = 11$

- 선행단계의 T_L은 후속단계의 T_L로부터 그 단계 사이의 t_e를 감해서 구한다.

  $(T_E)_5 = (T_L)_6 + (t_e)_{5.6} = 11 - 2 = 9$

  $(T_E)_4 = (T_L)_5 + (t_e)_{4.5} = 9 - 3 = 6$

  $(T_E)_3 = (T_L)_5 + (t_e)_{3.5} = 9 - 4 = 5$

- 결합단계는 후속단계의 T_L로부터 각 두 단계 사이의 활동 t_e를 감한 각 수치 중에서 최소치를 취한다.

  $(T_L)_2 = (T_L)_5 + (t_e)_{2.5} = 9 - 5 = 4$

  $(T_L)_2 = (T_L)_4 + (t_e)_{2.4} = 6 - 1 = 5$

  $(T_L)_2 = (T_L)_3 + (t_e)_{2.3} = 5 - 2 = 3$

  이 중의 최소치는 $(T_L)_2 = 3$이다.

- $(T_L)_1 = (T_L)_2 + (t_e)_{1.2} = 3 - 3 = 0$

ⓒ 주공정(CPM) 결정 : 주공정은 반드시 최초단계의 최종단계를 연결하여야 한다. 주공정은 일반적으로 굵은 선으로 표시한다.

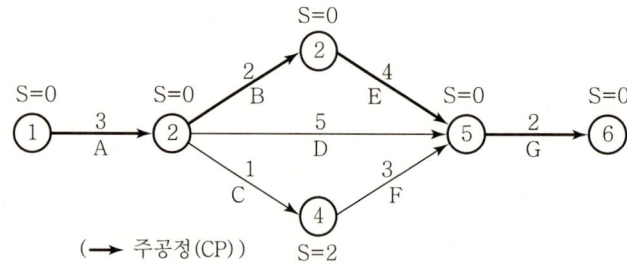

④ 단계중심의 총공기 계산 예제
   ㉠ T_E의 계산 : 앞에서부터 계산하여 가장 큰 값을 기입

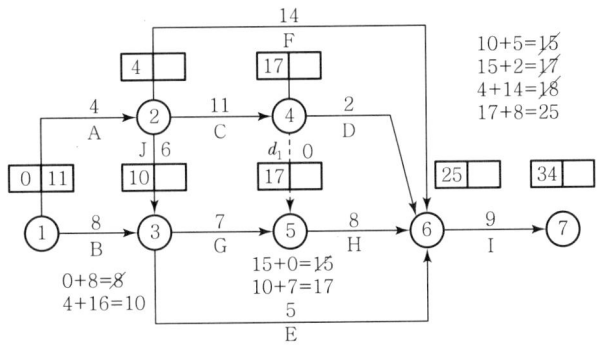

   ㉡ T_L의 계산 : 뒤에서부터 계산하여 가장 작은 값을 기입

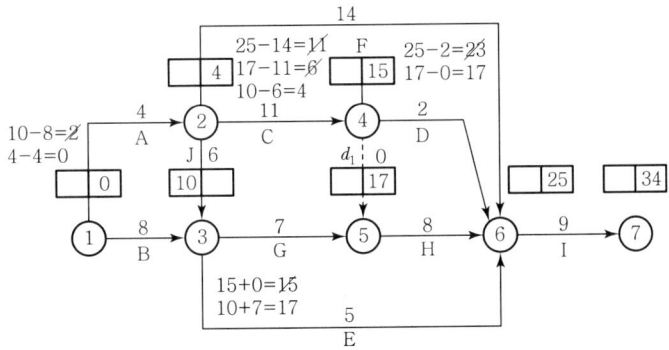

   ㉢ T_E와 T_L의 조합 및 주공정(CPM)

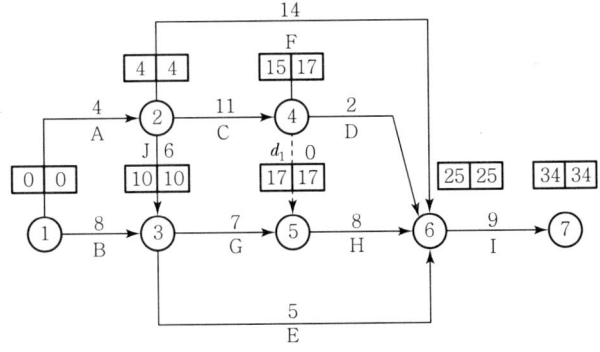

• CPM : ① → ② → ③ → ⑤ → ⑥ → ⑦
• 총소요기간 : 34일

(2) 공기 단축법

다음 계획공정표 자동화기구생산계획 일부를 나타내고 있다. 단계중심의 총공기 계산 및 비용구배를 구하고 공기단축을 행한다. 아래의 표에서 정상 및 특급 페이스의 소요공기와 직접비를 나타내고 있다.

[정상 및 특급페이스의 소요공기와 직접비]

활동		정상작업		단축방법	특급작업		비용구배	주공정
기호	단계	일	비용		일	비용		
A	1~2	6	10,000	야간작업	5	16,000		☆
B	1~3	9	20,000	인원증가	5	36,000		
C	1~4	10	40,000	교대작업	6	50,000		
D	2~3	5	6,000	장비투입	3	12,000		☆
E	2~4	10	30,000	장비 및 인원증가	5	65,000		
F	3~4	8	24,000	인원증가 교대작업	6	36,000		☆

① 정상작업에서의 단계중심 총공기 계산 및 주공정

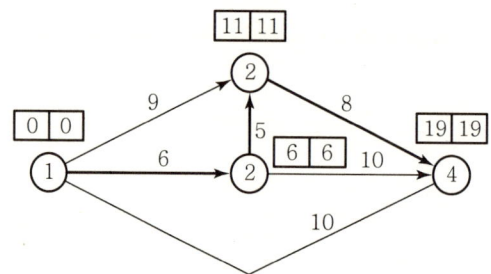

② 제1회 단축 : 주공정의 일수를 최소한의 비용으로 줄인다.

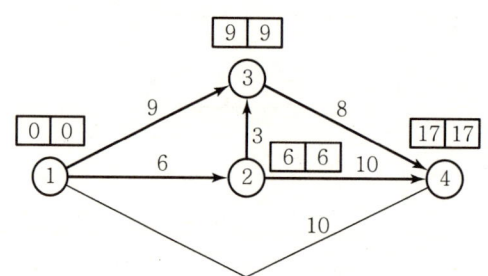

③ 제2회 단축

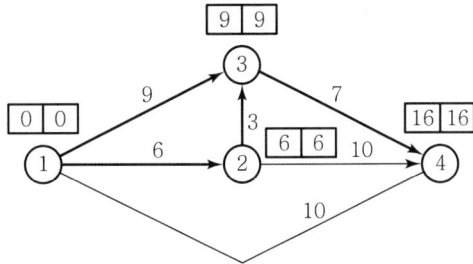

④ 제3회 단축

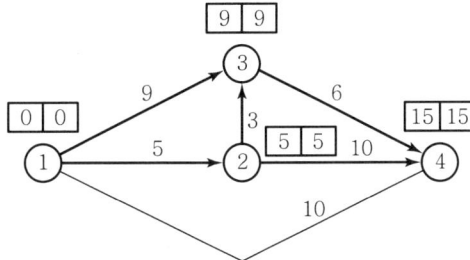

⑤ 제4회 단축

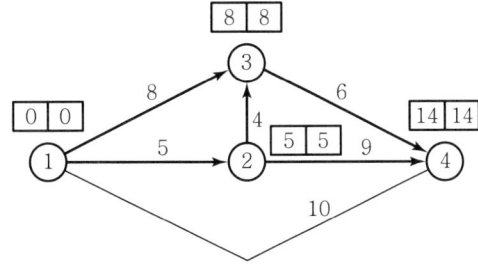

⑥ 전체 단축의 설명 및 비용 증가

활동	비용구배	활동	비용구배
(ㄱ) 1-2	6,000원	(ㄴ) 2-3	6,000원
1-3	4,000원	3-4	6,000원
(ㄷ) 2-4	7,000원		
3-4	6,000원		

이 공사를 단축시키기 위해서는 세 가지의 주공정을 모두 함께 단축시켜야 한다. 물론, 이때 최소 비용구배를 가진 활동부터 택하여 결합시키는 것이 바람직하다. 따라서, 다음과 같이 활동을 결합할 수 있다.

첫째, (ㄱ)인 활동 1-2와 1-3을 1일간씩 단축함으로써 일당 1,000원의 비용 증가가 소요됨을 알 수 있다.

둘째, (ㄴ)인 활동 2-3과 3-4를 동시에 단축함으로써 일당 12,000원의 비용 증가가 소요된다. 그러므로 전체 순 비용 증가는 35,000원이 된다.

(3) 공사비 예정가격 작성준칙

① 서론

공사비 예정가격 작성준칙(회계예규 2200.04-105-4) 자료를 근거로 하며, 이를 운용하는 직접적인 수단으로서의 원가 계산 방법은 구매자 입장 또는 도급자 입장에서 계약 대상자를 결정하기 위하여 공사 물품 제조 등의 불주 목적물의 가격을 예정하는 가격결정 방법이다.

② 회계코드의 대응

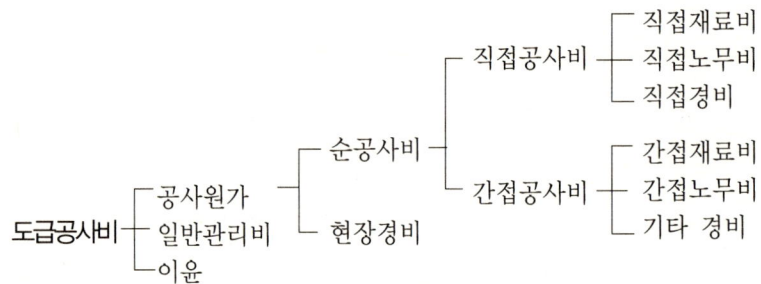

[공사원가 계산 방법]

| 직접공사비 = 직접재료비 + 직접노무비 + 직접(기계)경비 |
| 순공사비(순공사원가) = 재료비 + 노무비 + 경비 |
| 총공사비(총원가) = 재료비 + 노무비 + 경비 + 일반관리비 + 이윤 |

[공사원가 계산서]

• 확장공사   (공사기간 : 2001.03.~2001.10)

구분			금액(원)	구성비	비고
순 공 사 원 가	재 료 비	직접재료비	40,000,000	㉠	
		간접재료비	50,000,000		
		작업실·부산물 등(△)	20,000,000		
		소계	47,000,000	ⓐ	
	노 무 비	직접노무비	4,000,000	㉡	
		간접노무비	3,000,000		
		소계	7,000,000	ⓑ	
	경 비	전력비	400,000		
		수도광열비	100,000		
		운반비	300,000		
		(직접)기계정비	8,000,000	㉢	
		특허권 사용료	100,000		
		기술료	200,000		
		연구개발비	300,000		
		품질관리비	200,000		
		가설비	400,000		
		지급임차료	100,000		
		보험료	100,000		
		복리후생비	200,000		
		보관비	100,000		
		여비·교통비·통신비	200,000		
		세금과 공과	300,000		
		폐기물 처리비	600,000		
		도서인쇄비	200,000		
		지급수수료	100,000		
		환경보전비	400,000		
		보상비	100,000		
		안전점검비	200,000		
		퇴직공제부금비	600,000		
		기타 법정경비	300,000		
		소계	13,500,000	ⓒ	
일반관리비(15%)			10,125,000	ⓓ	
이윤(10%)			3,062,500	ⓔ	
총원가			503,687,500		

[참고] 1. 일반관리비=(재료비+노무비+경비)×0.15=67,500,000×0.15=10,125,000
2. 이윤=(노무비+경비+일반관리비)×0.1=30,625,000×0.1=30,625,000

(해설) ① 직접공사비=직접재료비+직접노무비+직접(기계)경비
= ㉠+㉡+㉢=40,000,000+4,000,000+8,000,000=52,000,000원
② 공사비=재료비+노무비+경비
=ⓐ+ⓑ+ⓒ=47,000,000+7,000,000+13,500,000
=490,500,000원
③ 총공사비=재료비+노무비+경비+일반관리비+이윤
=ⓐ+ⓑ+ⓒ+ⓓ+ⓔ
=470,000,000+7,000,000+13,500,000+10,125,000+3,062,500
=503,687,500원

■ 공사원가 계산예제

우리나라 예산 회계 예규에 대한 다음과 같은 건축기계설비 공사원가 계산서(예)에서 총원가(공사비)는 얼마인가?

[공사원가계산서]

• 공사명 : ○○공사 ○○지점 신축 기계설비공사 (공사시간 : 약 18개월)

비목		구분	금액(원)	구성비	비고
(M) 재료비		직접노무비	174,976,854		
		간접재료비	551,250		표준품셈 적용기준
		직업부산물	-39,635		
		소계	175,488,469		자급재료비 300,000,000제외
(L) 노무비		간접노무비(가)	70,000,000		
		간접노무비(나)	14,000,000	직접노무비의 20%	
		소계	84,000,000		
(01) 경비		전력비	200,000		
		운반비	150,000		
		기계경비	300,000		
		특허권 사용료			
		공구손료	140,000	직노의 2%	표준품셈 적용
		품질관리비			
		가설비	500,000		
		지급임차료			
		(2) 보험료	2,520,000	노무비의 3%	산재 보험료 기준
		보관비			
		외주가공비			
		(3) 안전관리비	4,909,770	(재+직노)2%	
		(4) 수도광열비	311,386	(재+노)의 1.2%	
		연구개발비			
		(5) 복리후생비	5,189,769	(재+노)의 2%	
		(6) 소모품비	2,594,885	(재+노)의 1.0%	
		(7) 여비·교통비·통신비	1,816,420	(재+노)의 0.7%	
		(8) 세금과 공과	1,556,939	(재+노)의 0.6%	
		폐기물 처리비			
		(9) 도서인쇄비	518,977	(재+노)의 0.2%	
		지급수수료			
		소계	21,965,137		
(M)+(L)-(01)=계			237,523,332		
(02) 일반관리비( )%			19,701,752	(재+노+경)의 7%	회계 예규의 제 18조적용
(P) 이윤( )%			16,190,296	(노+경+일반)의 15%	회계 예규의 제 19조적용
총원가(공사비)					
부가세					
공사예정가격					

(해설)
① 재+노=재료비+노무비=175,488,469+84,000,000=259,488,469원
② 총원가(공사비)=175,488,469+84,000,000+21,965,137+19,701,752+16,190,296
   =317,345,654원

(4) 여유시간 계산법

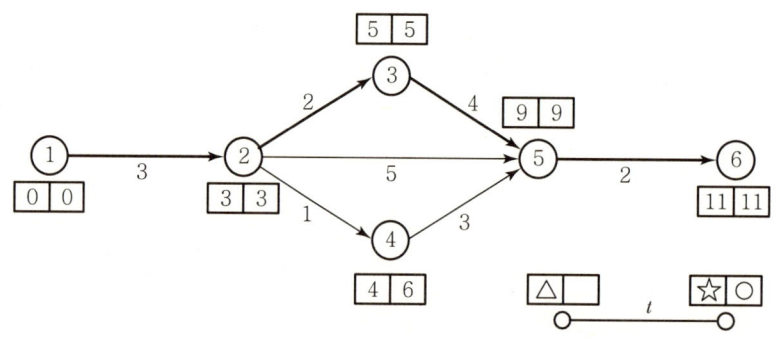

기호	활동	기간	개시시간		완료시간		TF	FF	IF	주공정
			(T_E) EST △	(T_L)0-t LST	☆ EFT	LFT (○)				
A	1-2	3	0	0	3	3	0	0	0	☆
B	2-3	2	3	3	5	5	0	0	0	☆
C	2-4	1	3	5	4	6	2	0	2	
D	2-5	5	3	4	8	9	1	1	0	
E	3-5	4	5	5	9	9	0	0	0	☆
F	4-5	3	4	6	7	9	2	2	0	
G	5-6	2	9	9	11	11	0	0	0	☆

- TF : 총 여유시간(Total Float)
- TF=LST-EST
     =LFT-EFT
- FF : 자유 여유시간(Free Float)
  FF=다음 단계의 EST-EFT
  IF=간섭 여유시간(Interfering Float)
  IF=TF-FF

- 독립여유시간(INDF ; Independent Float)

  후속활동이 EST에서 시작되고 선행활동이 LFT에서 끝났을 때의 여유시간, 즉 완전한 독립적인 여유시간이며 주공정과 직접 접하지 않은 공정에서만 성립된다.

  INDF = 다음 단계의 EST − LFT

예제문제 1

다음 네트워크(Network)에서의 공정일수와 주공정을 구하시오.

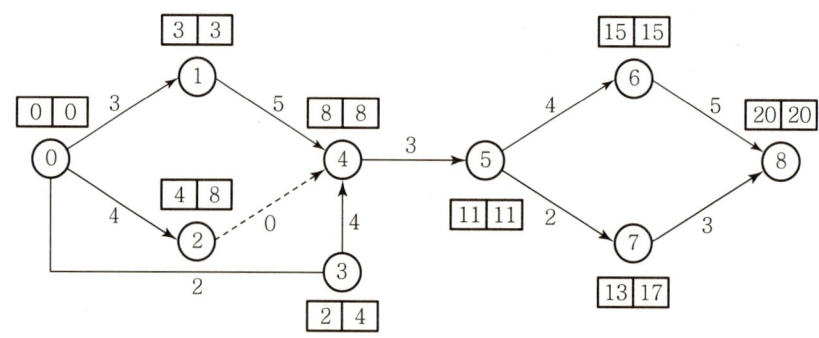

해설 공정일수 : 20일(⓪ → ① → ④ → ⑤ → ⑥ → ⑧)

예제문제 2

다음 계획공정표에서 특급상태로 작업하여 7일간의 공기를 단축할 경우 특급상태 주공정과 증가되는 최소비용은 얼마인가?(단, 증기비용은 단축일수에 비례하는 것으로 한다.)

(비용단위 : 만원)

작업명	표준상태		특급상태		작업명	표준상태		특급상태	
	작업일수	비용	작업일수	비용		작업일수	비용	작업일수	비용
A	4	9	4	9	E	10	20	8	27
B	6	14	5	16	F	14	25	10	30
C	7	15	5	17	G	8	17	7	25
D	14	20	11	26	H	6	15	5	17

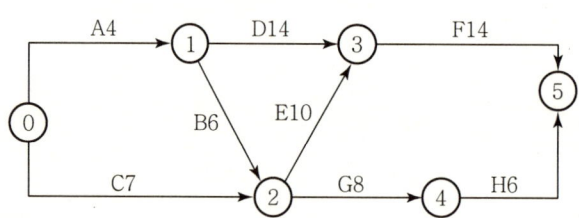

해설 • 표준

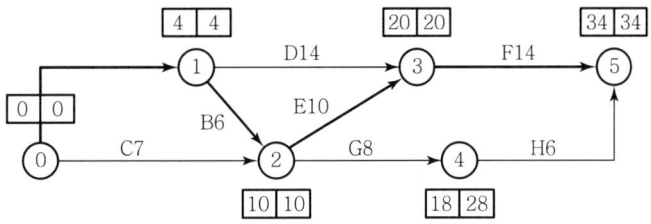

• 특급

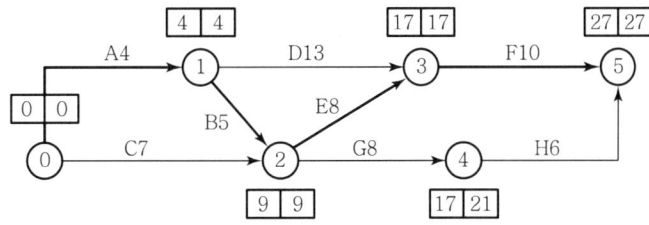

$B = \dfrac{16-14}{6-5} = 2, \quad D = \dfrac{26-20}{14-11} = 2, \quad E = \dfrac{27-20}{10-8} = 3.5, \quad F = \dfrac{30-25}{14-10} = 1.25$

증가비용 = 2×1 + 2×1 + 3.5×2 + 1.25×4 = 16만원

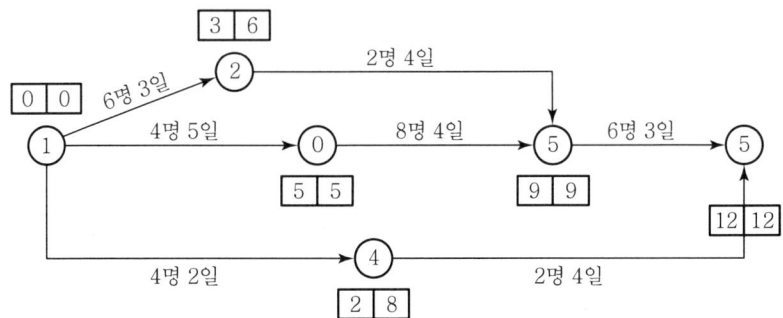

∴ 비용 = 16만원

예제문제 3

다음과 같은 자동화 기계설비 설치계획 공정표가 있다. 이 계획에 최대 동원가능 인원은 12일 동안 매일 10명인 경우 8일째 되는 날 최소로 동원하여도 가능한 작업인원수를 표의 필요부분을 보충하고 8일째 인원란에 표시하시오.

해설

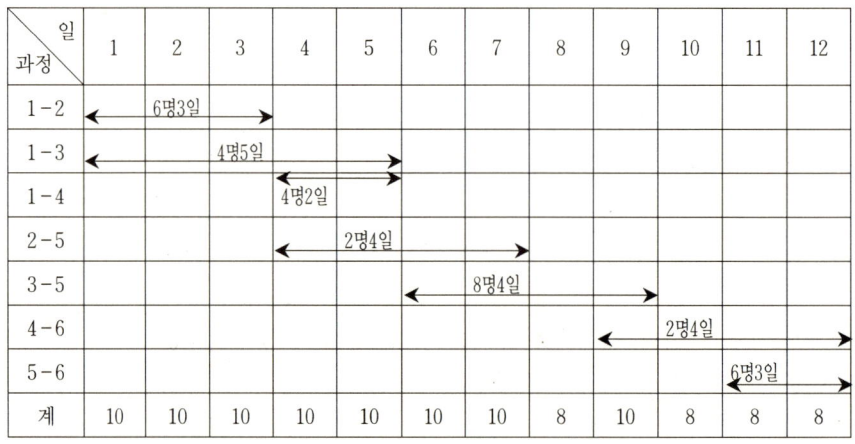

- 요령
  ① 주공정은 변할 수 없으므로 먼저 표시한다.(주공정 ① → ③ → ⑤ → ⑥)
  ② 총인원이 10명이 넘지 않게 안배한다.
  ③ 8일째를 최소의 인원으로 한다.

 예제문제 4

자동화 공장시설 변경 중 다음 표와 같은 활동과 소요일수를 필요로 하는 공사가 있다. 계획공정표를 작성하고 공정일수와 주공정을 구하시오.

활동	소요일수	활동	소요일수
1→2	8	4→6	6
1→3	5	4→7	14
1→4	4	5→7	8
2→5	9	6→7	3
3→6	7		

02. 공정도(PERT & CPM)

해설

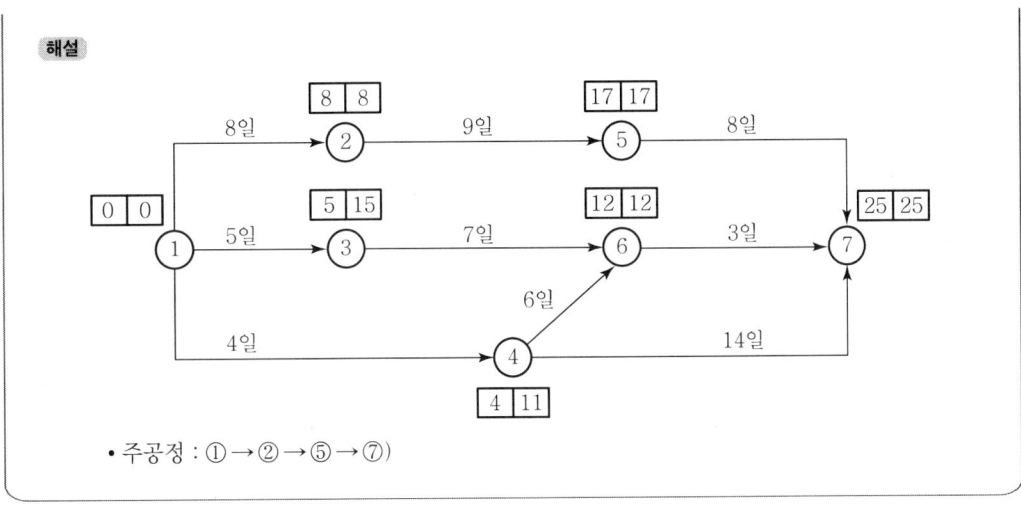

• 주공정 : ① → ② → ⑤ → ⑦

예제문제 5

다음과 같은 자동화 장비 설치계획 공정표를 보고 물음에 답하시오. 추가인력 및 특수장비 등을 투입하여 공기를 단축할 수 있는 특급상태 작업 시 최대로 단축할 수 있는 공기단축 일수는 얼마이며, 이때 표준상태에 비교해 추가해야 하는 최소비용은? (단, 주공기 단축이 안 되는 공정은 특급상태로 작업하지 않으며 특급상태 작업은 모두 주공정이 되며, 특급상태로 작업 시 최소비용원칙을 적용하여 추가비용이 적은 작업을 우선하여 단축하고, 단축해당 작업에서 단축가능일수 중 일부분만 단축할 경우의 해당 작업 추가비용은 해당 작업의 특급 추가비용과 단축일수에 비례하여 계산한다.)

작업명		A	B	C	D	E	F	G	H	I
선행작업		없음	A	A	A	D	C, E	C, E	B, F	G, H
표준상태	작업일수	4	5	9	5	5	5	5	4	9
	비용(만원)	20	30	85	60	50	15	50	20	51
특급상태	작업일수	3	4	7	4	4	3	5	4	9
	비용(만원)	25	40	95	80	55	25	50	20	51

해설

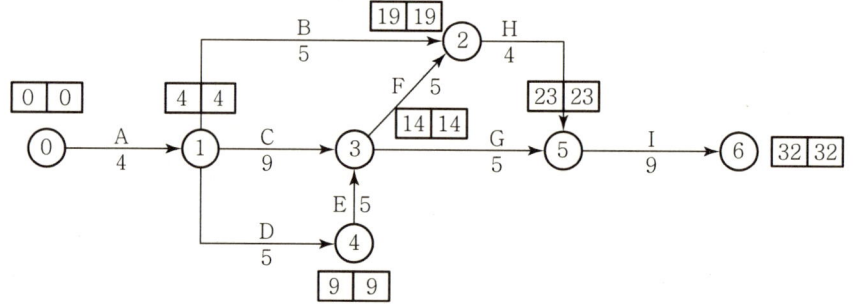

주공정선(⓪→①→④→③→②→⑤→⑥)

- A작업 : 1일 단축 $\dfrac{25-20}{4-3}=5$만원

- C작업 : 1일 단축 $\dfrac{95-85}{9-7}=10$만원

- D작업 : 1일 단축 $\dfrac{80-60}{5-4}=20$만원

- E작업 : 1일 단축 $\dfrac{55-50}{5-4}=5$만원

- F작업 : 2일 단축 $\dfrac{25-15}{5-3}=10$만원

최대로 단축할 수 있는 공기 단축일수 : 1+1+1+2=5일

∴ 최소비용=A+C+D+E+F=5+10+20+5+10=50만원

예제문제 6

다음 공정표는 표준상태와 특급상태에 대한 작업일수와 비용을 나타내고 있다. 특급상태로 작업하여 5일간 공정을 단축하면서 증가되는 최소비용을 구하여라.(단, 증가내용은 단축일수에 비례하는 것으로 본다.)(비용단위 : 만원)

작업명	표준상태		특급상태		작업명	표준상태		특급상태	
	작업일수	비용	작업일수	비용		작업일수	비용	작업일수	비용
A	5	19	5	19	E	9	39	7	45
B	7	25	6	28	F	10	41	6	50
C	10	48	9	52	G	8	27	7	29
D	8	27	6	33	H	5	20	4	24

(1) 표준상태 주공정
(2) 특급상태로 작업해야 할 공정
(3) 증가되는 최소비용

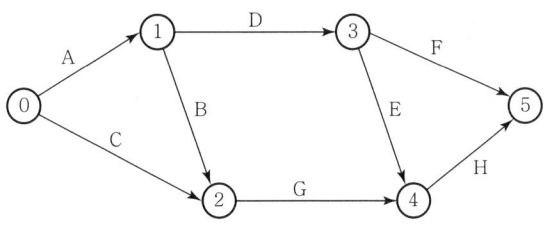

해설 (1)

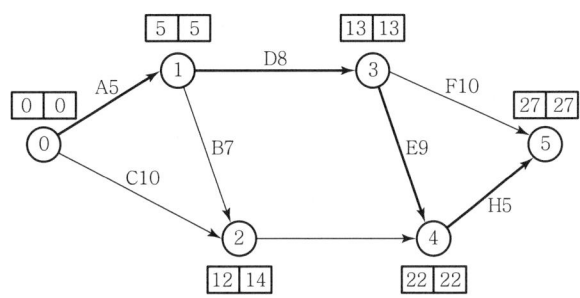

- ⓪ → ① → ③ → ④ → ⑤ ∴ 27일

(2)

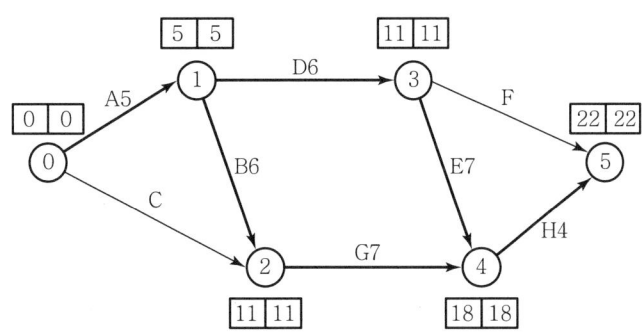

- ⓪ → ① → ③ → ④ → ⑤ , ⓪ → ① → ② → ④ → ⑤ ∴ 22일

(3) $B = \dfrac{28-25}{7-6} = 3$, $D = \dfrac{33-27}{8-6} = 3$, $E = \dfrac{45-39}{9-7} = 3$

$G = \dfrac{29-27}{8-7} = 2$, $H = \dfrac{24-20}{5-4} = 4$

∴ 증기비용 = 3×1 + 3×2 + 3×2 + 2×1 + 4×1 = 21만원

다음 조건을 갖는 공사가 있다. 물음에 답하시오.

작업명	A	B	C	D	E	F	G	H	I	J	K	L	M	N	O	P	Q
선행작업	–	–	A,B	A,B	A,B	E	C,F	C,F	C,F	G,H,I	J	J	C,D,F	M	K,L	O	N
소요일수	5	3	2	3	2	2	3	2	2	7	3	4	4	3	3	2	5

(1) 네트워크 공정표를 그리고 주공정을 굵은 실선으로 표시하시오.
(2) 공사완료 소요일수를 구하시오.

해설 (1) ① 공정표

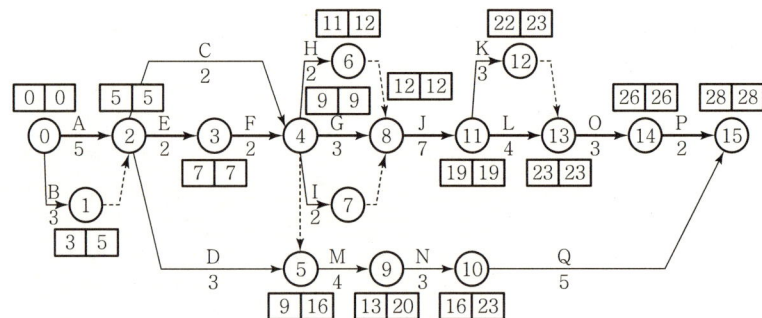

② CP : ⓪ → ② → ③ → ④ → ⑧ → ⑪ → ⑬ → ⑭ → ⑮

(2) 공사완료 소요일수 = 28일

다음과 같은 작업리스트가 있다. 물음에 답하시오.

작업명	선행작업	후속작업	표준		특급	
			일수	직접비(만원)	일수	직접비(만원)
A	-	B, C	6	210	5	240
B	A	D, E	4	450	2	630
C	A	F, G	4	160	3	200
D	B	G	3	300	2	370
E	B	H	2	600	2	600
F	C	I	7	240	5	340
G	C, D	I	5	100	3	120
H	E	I	4	130	2	170
I	F, G, H	-	2	250	1	350

(1) Network(화살선도)를 작도하고, 표준일수에 대한 주공정을 굵은 실선으로 표시하시오.
(2) 다음 작업 List의 빈칸을 채우시오.

작업명	공비증가율 (만원/일)	개시		완료		여유시간		
		EST	LST	EFT	LFT	TF	FF	DF
A								
B								
C								
D								
E								
F								
G								
H								
I								

해설 (1) Network

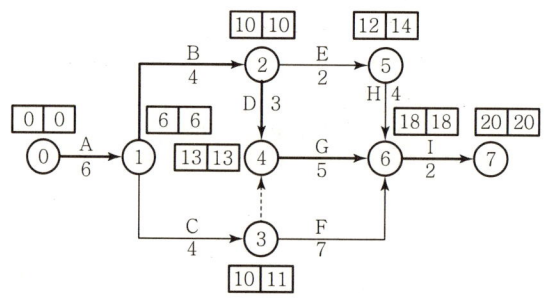

(2) 작업 List

작업명	공기증가율 (만원/일)	개시		완료		여유시간		
		EST	LST	EFT	LFT	TF	FF	DF
A	$\dfrac{240-210}{6-5}=30$	0	6−6=0	0+6=6	6	6−0−6=0	6−0−6=0	0−0=0
B	$\dfrac{630-450}{4-2}=90$	6	10−4=6	6+4=10	10	10−6−4=0	10−6−4=0	0−0=0
C	$\dfrac{200-160}{4-3}=40$	6	11−4=7	6+4=10	11	11−6−4=1	10−6−4=0	1−0=1
D	$\dfrac{370-300}{3-2}=70$	10	13−3=10	10+3=13	13	13−10−3=0	13−10−3=0	0−0=0
E	0	10	14−2=12	10+2=12	14	14−10−2=2	12−10−2=0	2−0=2
F	$\dfrac{340-240}{7-5}=50$	10	18−7=11	10+7=17	18	18−10−7=1	18−10−7=1	1−1=0
G	$\dfrac{120-100}{5-3}=10$	13	18−5=13	13+5=18	18	18−13−5=0	18−13−5=0	0−0=0
H	$\dfrac{170-130}{4-2}=20$	12	18−4=14	12+4=16	18	18−12−4=2	18−12−4=2	2−2=0
I	$\dfrac{350-250}{2-1}=100$	18	20−2=18	18+2=20	20	20−18−2=0	20−18−2=0	0−0=0

[참고] (1) EST = T_{E1} ············· ①

(2) EFT = $T_{E1}+D$ ············· ①+D

(3) LST = $T_{L2}-D$ ············· ④−D

(4) LFT = T_{L2} ············· ④

(5) TF = $T_{L2}-T_{E1}-D$ ············· ④−①−D

(6) FF = $T_{E2}-T_{E1}-D$ ············· ③−①−D

(7) DF = TF − FF

예제문제 9

다음 작업표의 공정선도를 그리고, 표준일수에 대한 주공정, 공비증가율, EST, EFT, LST, LFT, TF, FF, DF의 빈칸을 채우시오.

작업명	선행작업	후속작업	표준		특급		공기증가율	개시		완료		Float		
			일수	직접비(만원)	일수	직접비(만원)		EST	LST	EFT	LFT	TF	DF	FF
A	–	C, D	4	210	3	280								
B	–	E, F	8	400	6	560								
C	A	E, F	6	500	4	600								
D	A	H	9	540	7	600								
E	B, C	G	4	500	1	1100								
F	B, C	H	5	150	4	240								
G	E	–	3	150	3	150								
H	D, F	–	7	600	6	750								

해설 (1) 공정표

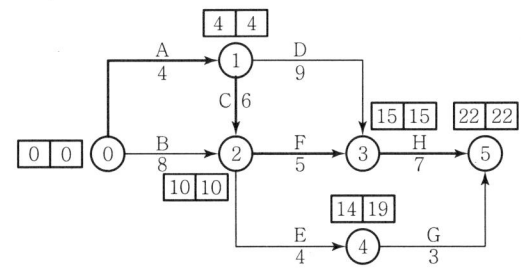

(2) 공비증가율(비용경사) 및 일정계산

작업명	작업일수	공기증가율(만원/일)	T_E		T_L		TF	FF	DF
			EST	EFT	LST	LFT			
A	4	$\dfrac{280-210}{4-3}=70$	0	0+4=4	4−4=0	4	4−0−4=0	4−0−4=0	0−0=0
B	8	$\dfrac{560-400}{8-6}=80$	0	0+8=8	10−8=2	10	10−0−8=2	10−0−8=2	2−2=0

작업명	적업일수	공기증가율 (만원/일)	T_E EST	T_E EFT	T_L LST	T_L LFT	TF	FF	DF
C	6	$\dfrac{600-500}{6-4}=50$	4	4+6=10	10-6=4	10	10-4-6=0	10-4-6=0	0-0=0
D	9	$\dfrac{600-540}{9-7}=30$	4	4+9=13	15-9=6	15	15-4-9=2	15-4-9=2	2-2=0
E	4	$\dfrac{1100-500}{4-1}=200$	10	10+4=14	19-4=15	19	19-10-4=5	14-10-4=0	5-0=5
F	5	$\dfrac{240-150}{5-4}=90$	10	10+5=15	15-5=10	15	15-10-5=0	15-10-5=0	0-0=0
G	3	0	14	14+3=17	22-3=19	22	22-14-3=5	22-14-3=5	5-5=0
H	7	$\dfrac{750-600}{7-6}=150$	15	15+7=22	22-7=15	22	22-15-7=0	22-15-7=0	0-0=0

[참고] (1) EST = T_{E1} ·················· ①

(2) EFT = $T_{E1} + D$ ·················· ① $+ D$

(3) LST = $T_{L2} - D$ ·················· ④ $- D$

(4) LFT = T_{L2} ·················· ④

(5) TF = $T_{L2} - T_{E1} - D$ ·················· ④ $-$ ① $- D$

(6) FF = $T_{E2} - T_{E1} - D$ ·················· ③ $-$ ① $- D$

(7) DF = TF $-$ FF

다음과 같은 작업표를 이용하여 물음에 답하시오.

작업명	선행작업	후속작업	표준		특급	
			일수	직접비(만원)	일수	직접비(만원)
A	-	C, D	4	210	3	280
B	-	E, F	8	400	6	560
C	A	E, F	6	500	4	600
D	A	H	9	540	7	600
E	B, C	G	4	500	1	1100
F	B, C	H	5	150	4	240
G	E	-	3	150	3	150
H	D, F	-	7	600	6	750

(1) 표준일수에 대한 공정선도를 그리고, 주공정을 굵은 실선으로 표시하시오.
(2) 총 공사비가 가장 적게 들기 위한 최적공정선도를 구하고, 단축일수와 증가공사비를 계산하시오.

해설 (1) 공정표

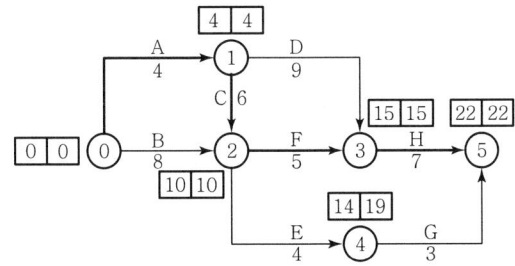

(2) ① 최적공정선도

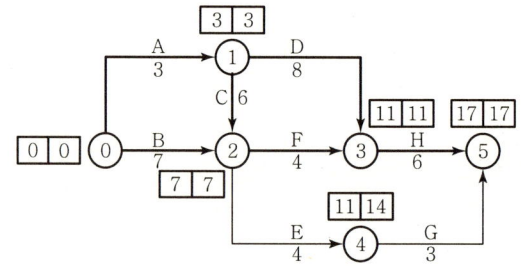

② 공기단축

작업명	단축일수	추가비용
A	1	$\frac{280-210}{4-3}=70$
B	1	$\frac{560-400}{8-6}=80$
C	2	$\frac{600-500}{6-4}\times 2=100$
D	1	$\frac{600-540}{9-7}=30$
F	1	$\frac{240-150}{5-4}=90$
H	1	$\frac{750-600}{7-6}=150$
합계		520

③ 단축일수＝22－17＝5일

증가공사비＝520만원

다음과 같은 작업표를 이용하여 물음에 답하시오.(단, 간접비는 1일당 60만원이 소요된다.)

작업명	선행작업	후속작업	표준		특급	
			일수	직접비(만원)	일수	직접비(만원)
A	-	C, D	4	210	3	280
B	-	E, F	8	400	6	560
C	A	E, F	6	500	4	600
D	A	H	9	540	7	600
E	B, C	G	4	500	1	1100
F	B, C	H	5	150	4	240
G	E	-	3	150	3	150
H	D, F	-	7	600	6	750

(1) 표준일수에 대한 공정선도를 그리고, 주공정을 굵은 실선으로 표시하시오.

(2) 총 공사비가 가장 적게 들기 위한 최적증가공사비를 계산하시오.

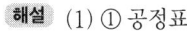 (1) ① 공정표

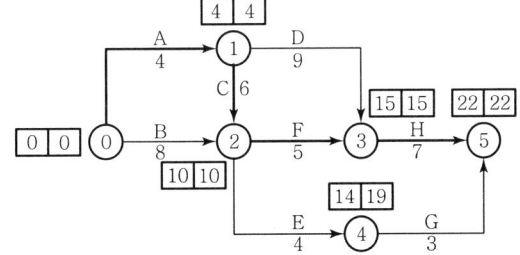

(2) ① 공기단축

작업명	단축일수	추가비용
A	1	$\dfrac{280-210}{4-3} = 70$
B	1	$\dfrac{560-400}{8-6} = 80$
C	2	$\dfrac{600-500}{6-4} \times 2 = 100$
D	1	$\dfrac{600-540}{9-7} = 30$
F	1	$\dfrac{240-150}{5-4} = 90$
H	1	$\dfrac{750-600}{7-6} = 150$
합계		520

② 간접비가 1일당 60만원이므로 최소경비는 추가비용이 1일당 60만원이하이어야 한다. 그러므로 최적공기는 C작업의 2일을 줄인다.

   최적공기 = 22 - 2 = 20일

   ∴ 최적증가공사비 = 100만원

Theme
03. 기계동역학

3·1 동역학 개론

1. 동역학(Dynamics)

기계(Machine)란 한정된 운동을 하는 유용한 일을 생산하는 것으로서 작용하는 힘에 의해 기계는 운동을 하며 이 운동을 해석하는 학문이다.

즉, 동역학(Dynamics)이란 기계에서 물체의 운동과 힘과의 관계를 다루는 학문이며 운동학(Kinematics)과 운동역학(Kinetics)으로 구분된다.

(1) 운동학(Kinematics)

물체의 운동을 발생시키거나 운동을 지속시키는 데 필요한 힘 또는 모멘트는 고려하지 않고, 위치, 변위, 속도, 가속도와 시간과의 변화만 조사하는 학문이다.

(2) 운동역학(Kinetics)

물체에 가하는 힘과 가속도에 의해 일어나는 운동이나 또는 어떤 운동을 발생시키기 위하여 요구되어지는 힘과 에너지에 관해 연구하는 학문이며 뉴턴(Newton)의 법칙이 운동역학(Kinetics)의 기본이다.

2. 정역학(Statics)

정체상태 또는 일정 속도로 운동하는 물체에서 평형(Equilibrium)을 다루는 학문 분야이다.

3. 질점(Particle)과 강체(Rigid Body)

(1) 질점(Particle)

물체의 모양과 크기를 무시하고 질량만 고려하는 물체로 정의한다. 그러므로 물체가 회전운동을 하지 않는 경우로서 물체의 위치 이동만 고려한다.

(2) 강체(Right Body)

힘을 가하여도 변형되지 않으며 부서지지 않는 물체를 말한다. 그러므로 물체에 힘이 작용할 시 물체의 모양과 크기의 변화는 발생하지 않으며 운동을 해석할 때에 물체의 위치이동과 자체이동을 고려한다.

(3) 가요성체(Flexible Body)

힘이나 모멘트가 작용 시 변형하는 물체로서 그 크기도 무시되지 않으며 충격 흡수 시에 주로 사용한다.

4. 물체의 운동

(1) 평면운동(Plane Motion)

강체 내의 모든 질점이 공간에 고정된 한 평면에 대해 평행으로 움직일 때의 운동이다.

(2) 병진운동(Translation Motion)

운동을 하고 있는 어떤 점을 선택하여도 똑같은 운동을 하며, 임의의 한 점의 운동을 선택하여 물체의 전체 운동으로 취급할 수 있는 운동 형태이다.

(3) 회전운동(Rotation Motion)
강체가 어느 점을 중심으로 주위를 돌며 각속도를 갖고 회전할 때의 운동 형태이다.

3·2 운동학

(1) 직선운동
질점이 직선을 따라 운동하는 것. 여기서 질점이란 질량은 있으나 크기, 모양이 무시될 정도로 작은 것을 말한다.

① (평균속도) $V_{av} = \dfrac{\Delta S}{\Delta t}$

여기서, ΔS : 위치의 변화량, Δt : 시간의 변화량

② (순간속도) $V = \dfrac{ds}{dt}$ 미소시간 동안의 위치의 변화량

③ (평균가속도) $a_{av} = \dfrac{\Delta V}{\Delta t}$

여기서, ΔV : 속도의 변화량 Δt : 시간의 변화량

④ (순간가속도) $a = \dfrac{dV}{dt}$ 미소시간 동안의 속도의 변화량

$$a = \dfrac{dV}{dt} = \dfrac{d^2 S}{d^2 t}$$

⑤ 변위, 속도, 가속도의 관계

$$a \times ds = \dfrac{dV}{dt} \times ds, \quad a \times ds = \dfrac{ds}{dt} dV = vdV$$

$$\boxed{a \times ds = vdV}$$
가속도, 변위, 속도 관계

(2) 가속도가 상수($a=a_c$)인 경우의 직선운동

$a=a_c$(가속도가 일정)

예 중력가속도 $g=9.81\text{m/s}^2$인 경우

$a_c = \dfrac{dv}{dt}$를 적분하면, 처음 시간 $t_1=0$이라 하면

$$\int_{V_1}^{V_2} dV = \int_{t_1=0}^{t_2} a_c dt, \qquad V_2 - V_1 = a_c(t_2 - 0)$$

$$\boxed{\begin{array}{l} V = V_0 + a_c t_2 \\ \quad \text{여기서,} \quad V : \text{나중 속도}, \quad V_0 : \text{처음 속도} \\ \qquad\qquad t_2 : \text{최종 시간}, \quad a_c : \text{가속도} \end{array}}$$

$V_2 = \dfrac{dS}{dt} = V_1 + a_c t_2 \qquad \int_{S_1}^{S_2} dS = \int_{t_1=0}^{t_2}(V_1 + a_c t_2)dt$ 이므로

$S_2 - S_1 = V_1(t_2 - 0) + \dfrac{a t_2^2}{2}$

$$\boxed{\begin{array}{l} S_2 - S_1 = V_0 t + \dfrac{1}{2} a t^2 \\ \quad \text{여기서,} \quad S_2 : \text{나중의 변위}, \quad S_1 : \text{처음 변위}, \quad V_1 : \text{처음 속도} \\ \qquad\qquad t_2 : \text{나중 시간}, \quad a_c : \text{가속도} \end{array}}$$

$\int_{V_1}^{V_2} v dV = \int_{S_1}^{S_2} a_c dS$를 대입하면, $\dfrac{1}{2}(V_2^2 - V_1^2) = a_c(S_2 - S_1)$

$$\boxed{\begin{array}{l} V_2^2 - V_1^2 = 2a(S_2 - S_1) \\ \quad \text{여기서,} \quad V_2 : \text{나중 속도}, \quad V_1 : \text{처음 속도}, \quad S_1 : \text{나중 변위} \\ \qquad\qquad S_1 : \text{처음 변위}, \quad a_c : \text{가속도} \end{array}}$$

(3) 직선운동과 회전운동의 비교($a=c$, $a=c$)

$S = V_0 t + \dfrac{1}{2} a t^2 \qquad\qquad \theta = \omega_0 t + \dfrac{1}{2} a t^2$

$$V = V_0 + at \qquad\qquad \omega = \omega_0 + at$$

$$V^2 - V_0^2 = 2as \qquad\qquad \omega^2 - \omega_0^2 = 2\alpha\theta$$

지면 도달시간 $\quad t = \sqrt{\dfrac{2h}{g}}$

예제문제 1

북쪽으로 60km/h의 속도로 가는 차 A가 동쪽으로 80km/h의 속도로 가는 차 B를 보았을 때 A에 대한 B의 상대속도는 그 크기가 몇 km/h인가?

㉮ 60   ㉯ 80   ㉰ 100   ㉱ 120

해설

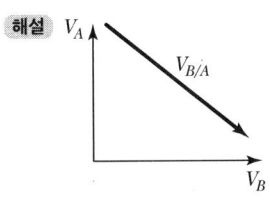

$$V_{B/A} = \sqrt{60^2 + 80^2} = 100$$

예제문제 2

직선 위를 움직이는 질점의 위치가 $x = t^3 - 9t^3 + 24t$로 나타내어진다. 여기에서 x와 t의 단위는 각각 m과 s이다. 다음 보기에 나온 시각 중 운동의 방향이 바뀌는 시각은?

해설 $\quad V = \dfrac{dx}{dt} = 3t^3 - 18t + 24 = 3(t^2 - 6t + 8) = 3(t-4)(t-2)$

$\therefore t = 4$초

예제문제 3

어떤 물체를 520m의 중력장에서 자유낙하시켰다. 이 물체가 지면에 도달하는 순간 속도는 몇 m/sec인가?

해설 지면도달시간 $t=\sqrt{\dfrac{2h}{g}}=\sqrt{\dfrac{2\times520}{9.8}}=10.3[\text{sec}]$

지면도달속도 $v=gt=9.8\times10.3=100.94[\text{m/sec}]$

예제문제 4

속력 30m/sec로 연직 아래로 던져진 물체가 3초 동안 낙하한 거리는 몇 m인가?

해설 $h=v_0t+\dfrac{1}{2}gt^2=30\times3+\dfrac{1}{2}\times9.807\times3^2=134.132[\text{m}]$

예제문제 5

사람이 낭떠러지 끝에 서서 공을 위로 던져 올렸다. 공의 초기 속도는 10m/sec로 연직 상방향을 향하고 공을 던진 위치는 지표면으로부터 30m 지점이다. 공이 지표면까지 떨어진다고 하면 공이 지표면에 닿기 직전의 속도 v_e[m/sec]를 결정하라.(단, 공의 초기속도 $v_0=10[\text{m/sec}]$, 공이 최고점에 도달했을 때 $v=0$이고, 가속도 $a=-g$이다.)

해설 걸린 시간 t는 $v=v_0-gt$로부터 $t=\dfrac{v_0}{g}=\dfrac{10}{9.8}=1.02[\text{sec}]$이고,

상승높이는 $h=v_0t+\dfrac{1}{2}gt^2=10\times1.02-0.5\times9.8\times1.02^2=5.102[\text{m}]$

$H=30+h=30+5.102=35.102[\text{m}]$

최고점으로부터 지표면까지는 자유낙하 운동이므로

$v^2-v_0^2=2gH$, $v_e^2=2\times9.8\times35.102$, $v_e=26.23[\text{m/sec}]$

(4) 높이를 주고 수평으로 던질 시

$h = V_0 t + \dfrac{1}{2} g t^2$에서 초기 속도의 y성분이 없으므로 $t = \sqrt{\dfrac{2h}{g}}$이다.

거리 $R = V_0 t = V_0 \sqrt{\dfrac{2h}{g}}$이다.

① 수평면에서 각도 θ로 던질 시

$$y(t) = y_0 + v_0 \sin\theta \times t - \dfrac{1}{2} g t^2$$

초기높이 $y - y_0$가 0이면 즉 초기높이가 0이면, 시간 $t = \dfrac{2 V_0 \sin\theta}{g}$

포물선 운동 시의 올라간 높이는 $\dfrac{V_y^2}{2g}$이므로 $h = \dfrac{V_0^2 \sin^2\theta}{2g}$

간거리(수평도달거리)는 $v_{0x} t_b = V_0 \cos\theta \times \dfrac{2 V_0 \sin\theta}{g}$

$$R = V_{0x} t_b = V_0 \cos\theta \dfrac{2 V_0}{g} \sin\theta = \dfrac{V_0^2 \sin 2\theta}{g}$$

예제문제 6

높은 건물 위에서 물체를 초속도 15m/sec로 수평으로 던졌더니 6초 후에 지면에 떨어졌다. 수평도달거리 R, 건물높이 H 그리고 지면도달 속도 v를 결정하라.

해설 $v_0 = v_{0H} = 15 [\text{m/sec}]$, $t = 6 [\text{sec}]$

$\vec{r} = x\vec{i} + y\vec{j} = R\vec{i} + H\vec{j}$

x축으로 등속도 운동 : $R = v_{0x} t = 15 \times 6 = 90 [\text{m}]$

y축으로 등가속도 운동 : $H = v_0 t + \dfrac{1}{2} g t^2 = 0.5 \times 9.8 \times 6^2 = 176.4 [\text{m}]$

$\vec{v} = v_x \vec{i} + v_y \vec{j} = v_{0x} \vec{i} + (v_{0y} + gt)\vec{j} = 15\vec{i} + (9.8 \times 6)\vec{j}$

$\vec{v} = 15\vec{i} + 58.8\vec{j}$ $|\vec{v}| = \sqrt{15^2 + 58.8^2} = 60.68 [\text{m/sec}]$

$V = 15\vec{i} + 58.8\vec{i}$

$|V| = \sqrt{15^2 + 58.8^2} = 60.68 [\text{m/s}]$

예제문제 7

지면과 경사각 β로 던진 물체가 15초 후 120m를 날아가서 바닥에 떨어졌다. 이 물체의 초속도를 계산하라.

해설

수평 도달 거리 : $R = v_0 \cos\beta \cdot t_b = V_0 \cos\theta \times \dfrac{2V_0 \sin\theta}{g} = \dfrac{v_0^2}{g}\sin 2\beta$

$v_0 \cos\beta = \dfrac{R}{t_b} = \dfrac{120}{15} = 8[\text{m/sec}]$ t_b : 도달시간

지면 도달 시간 : $t_b = \dfrac{2v_0}{g}\sin\beta$

$v_0 \sin\beta = \dfrac{g}{2}t_b = \dfrac{9.8 \times 15}{2} = 73.575[\text{m/sec}]$

$\therefore v_0 = \sqrt{v_{0x}^2 + v_{0y}^2} = \sqrt{(v_0\cos\beta)^2 + (v_0\sin\beta)^2}$
$= \sqrt{8^2 + 73.575^2} = 74[\text{m/sec}]$

예제문제 8

경주용 스포츠카가 반경 r=100m인 원형트랙을 따라 달리고 있다. 최초 정지 상태에서 출발하여 2.4m/sec²의 일정 가속도로 속도가 증가하여 가속도가 3.0m/sec²이 되었다. 이때 속도를 결정하면 얼마인가?

해설 접선가속도 : $a_t = 2.4[\text{m/sec}]$이므로

선속도 : $v = v_0 + a_t t = 0 + 2.4t = 2.4t$

접선가속도 $a_t = R\alpha = R\dfrac{dw}{dt}$

법선가속도 : $a_n = Rw^2 = \dfrac{V^2}{R} = \dfrac{(2.4t)^2}{100}$

가속도 : $a = \sqrt{a_t^2 + a_n^2} = \sqrt{(2.4)^2 + \left\{\dfrac{(2.4t)^2}{100}\right\}} = 3.0[\text{m/s}^2]$

$t = 5.6[\text{sec}],\ v = 2.4 \times 5.6 = 13.44[\text{m/sec}]$

예제문제 9

동쪽으로 25m/sec로 달리는 자동차 A에서 남쪽으로 25m/sec로 달리는 자동차 B를 보았다. 이때 자동차 B의 속도 $v_{B/A}$는 몇 m/sec인가?

해설

$\vec{v_{B/A}} = \vec{v_B} - \vec{v_A} = (-25)\hat{j} - 25\hat{i}$

$|\vec{v_{B/A}}| = \sqrt{(-25)^2 + (-25)^2} = 35.36$m/s 남서쪽

예제문제 10

대포에서 포물체가 처음 속도 1000m/s, 수평으로부터 30°로 발사되었다. 포물체가 투하지점이 발사된 지점으로부터 1500m 아래일 때, 대포로부터 발사된 거리를 구하시오.

해설

$y = v_0 t \sin\theta - \dfrac{gt^2}{2}$

$\dfrac{gt^2}{2} - v_0 t \sin\theta + y = 0$

$y = -1500$m (발사대로부터 1500m 아래에 있다.)

$\left(\dfrac{9.81\dfrac{m}{s^2}}{2}\right)t^2 - \left(1000\dfrac{m}{s}\right)t \sin 30° - 1500m = 0$

$\left(4.905\dfrac{m}{s^2}\right)t^2 - \left(500\dfrac{m}{s}\right)t - 1500m = 0$

$t = \dfrac{-b \pm \sqrt{b^2 - 4ac}}{2a}$ [2차 방정식] $= \dfrac{500 \pm \sqrt{(-500)^2 - (4)(4.905)(-1500)}}{(2)(4.905)}$

$= +104.85s, \ -2.9166s$

$x = v_0 t \cos\theta = \left(1000\dfrac{m}{s}\right)(104.85s) \cos 30° = 90803$m

예제문제 11

정원의 호스가 1m 높이로부터 13m/s의 속도로 물을 뿜어내고 있다. H는 최대치는 몇 m인가?(물은 지면과 수평한 면과 30°의 각도로 뿜어져 나간다.)

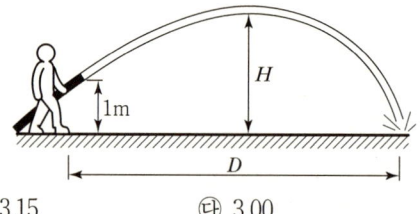

㉮ 3.32   ㉯ 3.15   ㉰ 3.00   ㉱ 2.85

해설

$$V_y = V_{oy} - gt$$

$$t = \frac{V_{oy}}{g} = \frac{V_o \sin\theta}{g} = \frac{13\sin 30°}{9.8} = 0.66 \sec$$

$$H = 1 + V_{oy}t - \frac{1}{2}gt^2$$

$$= 1 + 13\sin 30 \times 0.66 + \frac{1}{2} \times 9.8 \times 0.66^2 = 3.16 m$$

예제문제 12

그림과 같이 지면으로부터 각도 θ, 초기속도 v_0로 쏘아올린 포물체의 최고 높이를 H, 수평도달거리를 L이라 하면 $\frac{H}{L}$의 값은?

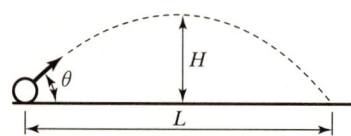

㉮ $\tan\theta$ ㉯ $\frac{1}{2}\tan\theta$ ㉰ $\frac{1}{3}\tan\theta$ ㉱ $\frac{1}{4}\tan\theta$

해설

$$H = \frac{V_0^2 \sin^2\theta}{2g}, \quad L = V_o \cos\theta \, t = \frac{2V_o^2 \sin\theta \cos\theta}{g}$$

$$\frac{H}{L} = \frac{\sin^2\theta}{4\cos\theta\sin\theta} = \frac{1}{4}\frac{\sin\theta}{\cos\theta} = \frac{1}{4}\tan\theta$$

예제문제 13

고정 축에 대한 등속회전운동에서 반지름이 3배 증가하였다. 선속도는 어떻게 되는가?
㉮ 변화 없음   ㉯ 3배 증가   ㉰ 3배 감소   ㉱ 9배로 증가

해설 등속회전운동의 속도 $V = R\omega$

예제문제 14

40[km/hr]의 등속도로 달리던 승용차가 브레이크를 걸어서 2[m/sec²]으로 감속되었다. 이 승용차가 정지 시까지 움직인 거리는 몇 m인가?
㉮ s = 29.68[m]   ㉯ s = 30.86[m]
㉰ s = 32.29[m]   ㉱ s = 34.87[m]

해설 $v_0 = 40 \times 10^3 \div 3600 = 11.11[\text{m/sec}]$, $v = 0[\text{m/sec}]$, $a = -2[\text{m/sec}^2]$

$v = v_0 + at : 0 = 11.11 - 2 \times t$에서 $t = 5.56[\text{sec}]$

$S = v_0 t + \frac{1}{2} at^2 : S = 11.11 \times 5.56 - \frac{1}{2} \times 2 \times 5.56^2 = 30.86[\text{m}]$

예제문제 15

탑의 바닥에서 30m/sec의 초속도로 물체를 연직 상방향으로 던지고 동시에 탑의 정점으로부터 또 다른 물체를 자유 낙하시켰더니 이 두 물체가 탑의 중점에서 만났다고 한다. 탑의 높이는 얼마이겠는가?
㉮ 9.8m   ㉯ 97.81m   ㉰ 95m   ㉱ 94.2m

해설 자유낙하 시 $\frac{h}{2} = \frac{1}{2} g t_m^2$

연직 상방향 운동 시 $\frac{h}{2} = v_0 t_m - \frac{1}{2} g t_m^2$

$t_m = \frac{v_0}{g} = \frac{30}{9.8} = 3.1[\text{sec}]$ $\therefore h = 9.8 \times 3.1^2 = 94.18[\text{m}]$

동역학

예제문제 16

초속도 30m/sec로 어떤 물체를 45°의 각도로 던졌을 때 이 물체가 도달할 수 있는 최고의 수직 높이[m]로 다음 중 맞는 것은?

㉮ 16.74[m]　㉯ 20.67[m]　㉰ 18.45[m]　㉱ 22.96[m]

해설 $v_y^2 - v_{0y}^2 = 2gH$

$$H = \frac{v_{0y}^2}{2g} = \frac{(v_0 \sin\theta)^2}{2g} = \frac{(30 \times \sin 45)^2}{2 \times 9.8} = 22.96 [\text{m/sec}]$$

예제문제 17

원판의 각속도가 5초만에 0부터 1800rpm까지 일정하게 증가하였다. 이때 원판의 각 가속도는 몇 rad/s²인가?

㉮ 360　㉯ 60　㉰ 37.7　㉱ 3.77

해설 각 가속도 $a = \dfrac{dw}{dt} = \dfrac{w}{t} = \dfrac{1}{5} \times \dfrac{2\pi N}{60} = \dfrac{2\pi 1,800}{5 \times 60} = 37.7 \text{rad/s}^2$

예제문제 18

그림과 같이 최초정지상태에 있는 바퀴에 줄이 감겨 있다. 줄에 힘을 가하여 줄의 가속도가 $a = 4t$ m/s²일 때 바퀴의 각속도를 시간의 함수로 나타내면?

㉮ $\omega = 8t^2$ rad/s
㉯ $\omega = 9t^2$ rad/s
㉰ $\omega = 10t^2$ rad/s
㉱ $\omega = 11t^2$ rad/s

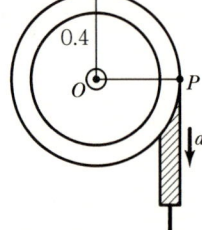

해설 $a_t = R\alpha = R\dfrac{d\omega}{dt}$, $a_n = R\omega^2$ (법선가속도 성분은 없음)

$$\omega = \omega_0 + \alpha t = 0 + \dfrac{a_t}{R} t = \dfrac{4t \times t}{0.4} = 10t^2$$

3·3 에너지와 운동량

(1) 에너지(Energy)

물체나 물체계가 일을 할 수 있는 능력으로 정의된다.

① 운동에너지 : 질량 m인 물체가 속도 v로 움직일 때 물체가 가지는 에너지이다.

$$T = \frac{1}{2}mv^2$$

② 위치에너지 : 물체가 어떤 위치에 있을 때 중력에 의해 생기는 에너지이다.

$$E_P = mgh$$

③ 탄성에너지 : 복원력을 가지고 있는 탄성체가 변형된 후 되돌아오려는 에너지이다.

$$E_e = \frac{1}{2}kx^2$$

k : 스프링 상수[N/m, kg$_f$/m]

(2) 운동량(Momentum)

물체의 운동의 세기 정도를 나타내는 벡터량으로 질량(m)인 물체가 속도(V)로 운동할 때 나타내는 물리량이다.

$$Ft = mV$$

예제문제 1

그림과 같이 일정한 힘 $F=60$kg의 물체에 작용하여 거리 $d=0.5$m만큼 이동하였다. 이때 힘이 한 일량 W[Nm]는?(단, 각 $a=30°$이다.)

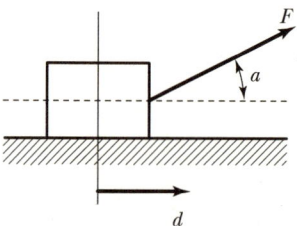

해설 일량

$$W=\vec{F}\cdot\vec{r}=Fr\cos a=60\times9.8\times0.5\times\cos30°=254.61[\text{Nm}]$$

예제문제 2

80m/sec의 속도로 날아가는 질량 0.5kg의 탄환이 가지는 에너지는 몇 J인가?

해설 $T=\dfrac{1}{2}mv^2=\dfrac{1}{2}\times0.5\times80^2=1600[\text{J}]$

예제문제 3

질량이 10kg인 정지된 물체에 5N의 힘을 3초 동안 북쪽 방향으로 작용한 후 다시 4초 동안 동쪽 방향으로 6N의 힘을 가하였다. 총 7초 동안 물체가 받은 충격량은 몇 [N·sec]인가?

해설 $|\vec{I}|=|\vec{F_1}\cdot t_1+\vec{F_2}\cdot t_2|=\sqrt{(5\times3)^2+6\times4)^2}=28.302[\text{Ns}]$

예제문제 4

무게 2kg의 물체가 30m/sec의 속도로 운동 시 운동량은?

해설 $mV = 2 \times 30 = 60 [\text{kg}_m \text{ m/sec}]$

예제문제 5

같은 차종인 자동차 B, C가 브레이크가 풀린 채 정지하고 있다. 이때 같은 모델의 자동차 A가 1.5m/s의 속력으로 B와 충돌하면, 이후 B와 C가 다시 충돌하게 되어 결국 3대의 자동차가 연쇄 충돌하게 된다. 이때 B와 C가 충돌한 직후의 C차의 속도는 몇 m/s인가?(단, 범퍼 사이 반발계수 $e = 0.75$이다.)

㉮ 0.160
㉯ 0.187
㉰ 1.148
㉱ 1.312

해설
$$e = \frac{-(V_B' - V_A')}{V_B - V_A} = \frac{V_B' - V_A'}{V_A - V_B} = \frac{V_B' - V_A'}{1.5 - V_B} = 0.75$$

$V_B = 0$이므로 $V_A' = V_B' - 0.75 V_A$

$m_A V_A + m_B V_B = m_A V_A' + m_B V_B'$에서 $V_A = V_B' - 0.75 V_A + V_B'$

$2 V_B' = 1.75 V_A = 1.75 \times 1.5$ $V_B' = 1.313$ m/s

$$e = \frac{-(V_C' - V_B'')}{V_C - V_B'} = \frac{V_C' - V_B''}{V_B'} = 0.75$$

$V_B'' = V_C' - 0.75 V_B'$

$m_B V_B' + m_C V_C = m_B V_B'' + m_C V_C'$

$V_B' = V_B'' + V_C' = V_C' - 0.75 V_B' + V_C'$

$2 V_C' = 1.75 V_B'$

$V_C' = \frac{1.75}{2} \times 1.313 = 1.148$ m/s

동역학

예제문제 6

그림에 보인 시스템은 초기에 정지상태에 있다. 풀리의 무게와 축의 마찰을 무시하고 블록의 질량을 125kg이라 할 때, 블록의 무게와 350N의 힘이 작용함에 따른 블록의 가속도 크기는 몇 m/s²인가?

㉮ 2.8
㉯ 7.0
㉰ 9.8
㉱ 12.7

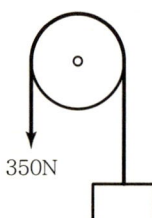

해설 $F = ma$

$350 - 125 \times 9.8 = 125\,a$

$a = \dfrac{350 - 125 \times 9.8}{125} = -7 \text{m/s}^2$

예제문제 7

다음의 기계요소 중 에너지 보존력과 관계가 있는 것은?
㉮ 스프링 ㉯ 감쇠기(Shock Absorber)
㉰ 유압 액추에이터(Actuator) ㉱ 전기모터

해설 에너지보존력은 $F = kx$, $U = \dfrac{kx^2}{2}$ 에 관계되므로 스프링이다.

예제문제 8

다음 중 힘이 일을 하는 경우는?
㉮ 진자가 좌우로 흔들릴 때 물체를 매달고 있는 실의 장력
㉯ 자동차가 곡률반경 R로 원운동할 때 자동차에 작용하는 구심 마찰력
㉰ 행성이 태양을 중심으로 궤도운동할 때 행성에 작용하는 만유인력
㉱ 배달부가 오토바이를 운전하면서 물건을 수직 방향으로 든 힘

해설 ㉰

 예제문제 9

조화진동을 하고 있는 어떤 물체의 진폭이 2m이고 스프링 상수 K의 값이 2N/m이면 이 물체가 가질 수 있는 최대운동 에너지는 얼마인가?
㉮ 3J ㉯ 4J ㉰ 5J ㉱ 6J

해설 $U = \frac{1}{2}kx^2 = \frac{1}{2} \times 2 \times 2^2 = 4\text{J}$

동역학

경주용 자동차가 달리는 트랩의 반경이 180m이다. 속도 30m/s로 달리기 위한 최적의 경사각은 몇 도인가?

㉮ 12°　　　　㉯ 18°　　　　㉰ 27°　　　　㉱ 36°

해설

$$F = ma_n = m\frac{V^2}{R} = m\frac{30^2}{180}$$

$$F = \frac{W}{\cos\theta}\sin\theta = W\tan\theta = mg\tan\theta$$

$$m\frac{30^2}{180} = mg\tan\theta$$

$$\theta = \tan^{-1}\frac{30^2}{g180} = 27.03$$

질량 m인 자동차가 아래 그림과 같이 반경 R인 원궤도 내부로 진입하여 최고점 A를 무사히 (아래로 떨어지지 않고) 통과하고자 한다. 이를 위하여 필요한 자동차의 진입속도 v_0의 최소값은?(단, 원궤도와 자동차 타이어와의 마찰 및 공기저항은 무시한다.)

㉮ $\sqrt{gR}$
㉯ $\sqrt{3gR}$
㉰ $\sqrt{5gR}$
㉱ $\sqrt{7gR}$

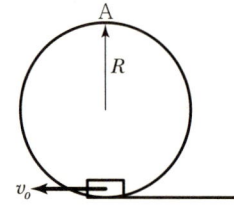

해설 구심가속도만 작용하므로 중력=원심력이다.

$$F = ma_n = m\frac{V^2}{R} = mg \text{에서}$$

$$V = \sqrt{Rg}, \quad h = 2R$$

$$\frac{1}{2}m(V_0^2 - V^2) = mgh = mg2R$$

$$\frac{1}{2}m(V_0^2 - Rg) = mg2R$$

$$V_0 = \sqrt{5Rg}$$

예제문제 12

당구공 A가 10m/s의 속도로 우측으로 가다가 정지하고 있는 다른 당구공 B와 정면으로 충돌한다. 반발계수가 0.8일 때, 충돌 후 두 공의 속도와 방향은?

㉮ V_A=1m/s 우측으로, V_B=9m/s 우측으로
㉯ V_A=0m/s 우측으로, V_B=8m/s 우측으로
㉰ V_A=0.5m/s 우측으로, V_B=4.5m/s 우측으로
㉱ V_A=0m/s 우측으로, V_B=4m/s 우측으로

해설

$$e = \frac{-(V_B' - V_A')}{V_B - V_A} = \frac{V_B' - V_A'}{V_A - V_B}$$

$$m_A V_A + m_B V_B = m_A V_A' + m_B V_B'$$

$$V_A = V_A' + V_B' = V_A' + (eV_A + V_A') = 2V_A' + eV_A$$

$(1-e)V_A = 2V_A'$에서 $V_A' = \dfrac{(1-e)V_A}{2} = \dfrac{(1-0.8) \times 10}{2} = 1\text{m/s}$

$V_B' = eV_A + V_A' = 0.8 \times 10 + 1 = 9\text{m/s}$

 동역학

3·4 마찰

마찰을 상대운동의 발생여부에 따라 미끄럼마찰과 구름마찰로 구분한다.

(1) 미끄럼마찰

정지하고 있는 물체에 미는 힘을 서서히 증가시키는 경우에는 물체에 가한 힘이 작을 때 힘을 어느 한도까지 증가시켜도 물체가 움직이지 않는다.
이것은 접촉면에서 마찰력이 생겼기 때문이며, 물체에 가한 힘의 크기와 같은 크기로 작용하며 방향이 반대이다.
이때 마찰력을 정지마찰력이라 한다.
상대운동을 시작하려는 순간에 마찰력의 크기가 최대가 되며, 이때의 마찰력을 최대 정지 마찰력이라고 하고, 그의 크기는 정지마찰계수(μ_s)와 수직반력과의 곱이 된다.
일단 상대운동을 시작한 이후에는 마찰력은 감소되며, 마찰력의 크기는 동마찰계수(μ_k)와 수직반력과의 곱이 된다.
마찰력의 방향은 접촉면의 접선방향이고 운동을 방해하는 방향이다. 이와 같은 원리를 쿨롱의 마찰법칙(Coulomb's Law Of Dry Friction)이라고 한다.

(2) 구름마찰

구름마찰은 두 물체 사이에 상대 운동 없이 굴러갈 때의 마찰을 의미하며, 구름마찰력의 크기는 미끄럼 마찰력의 크기를 초과하지 않는다. 그러나 두 물체 사이에 상대운동이 발생하여 미끄러지면서 굴러가는 경우에는 마찰력의 크기가 동마찰계수와 수직반력의 곱이 되어, 구름마찰이 아닌 미끄럼마찰로 분류된다.

운동의 분류	마찰력의 크기	조건
움직이기 전	$F = P$	$P < \mu_s N$
움직이려는 순간	$F_{max} = \mu_s N$	
움직인 후	$F = \mu_k N$	$\mu_k N < \mu_s N$

(3) 마찰력이 한 일

마찰력이 한 일의 크기는 마찰력과 물체가 움직인 거리를 곱한 값이다. 마찰력은 운동방향과 반대방향으로 지면을 따라 작용하므로 항상 음(-)의 일을 수행하며 에너지 손실을 수반하고 그 크기는 운동경로에 따라 달라진다.

$$U_{1 \to 2} = \int F dr = -\mu N \cdot s$$

여기서 μ는 마찰계수이며, N는 접촉면에 수직으로 작용하는 힘이고, s는 경로를 따라 이동한 거리이다.

예제문제 1

그림과 같이 경사판에 500N의 물체가 놓여 있다. θ가 20°일 때 물체가 움직이기 시작한다. 최대 정지 마찰계수(μ_R)와 최대 정지력은 몇 N인가?

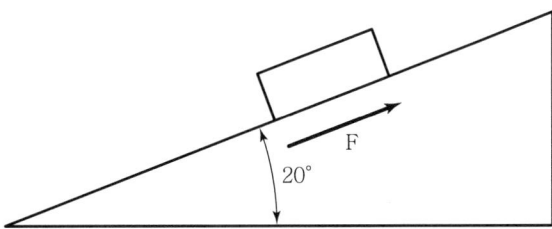

해설 $\mu_R = \tan \theta = \tan 20° = 0.364$

$F = \mu_k N = \mu_k W \cos \theta = W \sin \theta = 500 \sin 20° = 171\,N$

예제문제 2

그림과 같이 수평면과 20°를 갖는 경사면에서 질량 20kg이 있을 때 미끄러지지 않기 위한 힘 (P)는 몇 N인가?(단, 정지 마찰계수(μ_R)는 0.25이고 동 마찰계수(μ)는 0.2이다.)

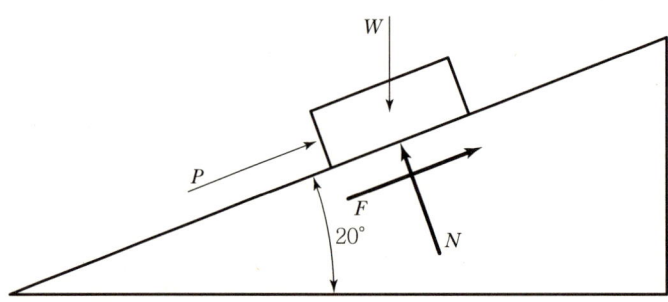

해설 $W = mg = 20 \times 9.8 = 196\,N$

$N = W\cos 20° = 196 \cos 20° = 184.18\,N$

$P + F - W\sin 20° = 0$

$P = W\sin 20° - F = 196 \sin 20° - 0.25 \times 184.18 = 21N$

예제문제 3

그림과 같이 수평면과 20°를 같은 경사면에서 질량 20kg이 있을 때 물체를 위로 올리기 위한 최소 힘(P)은 몇 N인가?

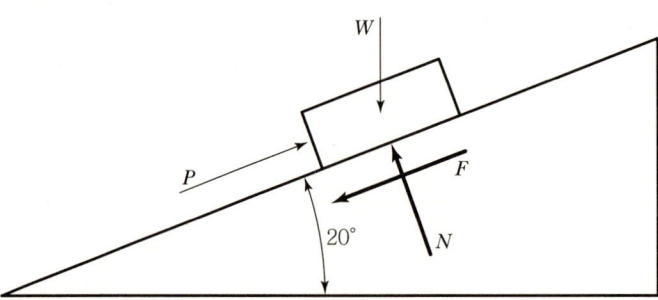

해설 $W = mg = 20 \times 9.8 = 196\,N$

$N = W\cos 20° = 196 \cos 20° = 184.18\,N$

$P = W\sin 20° + F = 196 \sin 20° + 0.25 \times 184.18 = 113\,N$

예제문제 4

그림과 같이 수평면과 20°를 갖는 경사면에서 질량 20kg이 $P(100t)$의 힘이 작용할 때 2초 후의 상자 속도(V)는 몇 m/s인가?

해설

$W = mg = 20 \times 9.8 = 96\,\text{N}$

$N = W\cos 20° = 196\cos 20° = 184.18\,\text{N}$

$20a = 100t - \mu N + W\sin 20°$

$a = 5t - \dfrac{0.2 \times 184.18}{20} + 196\sin 20°$

$\quad = 5t + 65.19 = 5 \times 2 + 65.19 = 75.19$

$V = V_o + at = 75.19 \times 2 = 150.38\,\text{m/s}$

예제문제 5

수평면과 α의 각을 이루는 마찰이 있는 경사면에서 무게가 W인 물체를 힘 P를 가하여 등속력으로 끌어올릴 때, 인장력 P가 한 일에 대한 무게 W를 끌어올리는 일의 비, 즉 효율은?

㉮ $\dfrac{1}{1+\mu\cot\alpha}$ ㉯ $\dfrac{1}{1-\mu\cot\alpha}$

㉰ $\dfrac{1}{1+\mu\cos\alpha}$ ㉱ $\dfrac{1}{1-\mu\cos\alpha}$

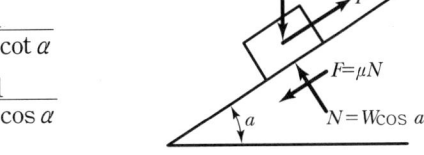

해설 $E_P = Pl + wl\sin\alpha,\ E_W = Wl\sin\alpha$에서

$\dfrac{E_W}{E_P} = \dfrac{Wl\sin\alpha}{\mu(W)\cos\alpha \times l + Wl\sin\alpha} = \dfrac{1}{1+\mu\cot\alpha}$

동역학

예제문제 6

그림과 같이 경사진 표면에 50kg의 블록이 놓여 있고 이 블록은 질량이 m인 추와 연결되어 있다. 경사진 표면과 블록 사이의 마찰계수를 0.5라 할 때 이 블록을 경사면으로 끌어올리기 위한 추의 최소 질량은 몇 kg인가?

㉮ 47.7
㉯ 46.7
㉰ 45.7
㉱ 44.7

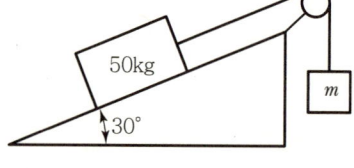

해설

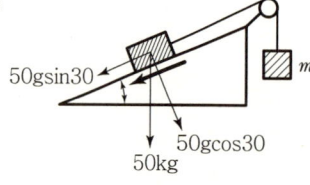

$50g\sin 30 + \mu 50g\cos 30 = mg$

$m = 46.7$

예제문제 7

10° 경사면에 놓인 질량 100kg인 물체에 수평방향의 힘 500N을 가하여 경사면 위로 밀어올린다. 경사면의 마찰계수가 0.2이라면 2m를 움직인 뒤의 물체의 속도는?

㉮ 1.1m/s
㉯ 2.1m/s
㉰ 3.1m/s
㉱ 4.1m/s

해설 역적운동량법칙($Ft = mV$)에 의하면

$500 \times 2\cos 10 - 100 \times 9.8 \times 2\sin 10 - 0.2 \times 100 \times 9.8\cos 10° \times 2 = \frac{1}{2}mV^2$

$V_2 = 2.27 \text{m/s}$

 예제문제 8

질량 10kg인 블록이 수평면 위를 미끄러져 완충기에 부딪친다. 12m/s의 초기속도로 움직이며 블록과 바닥 사이의 마찰계수는 0.2이고 완충기와는 20m 떨어져 있다. 완충기에 부딪치기 직전의 속도는 몇 m/s인가?(단, 완충기의 질량은 무시한다.)

㉮ 3.1
㉯ 5.9
㉰ 8.1
㉱ 12

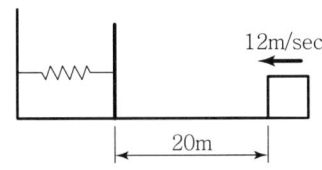

해설 운동에너지 + 이동에너지 = 완충기의 운동에너지

$$\frac{1}{2}mV_1^2 + \mu \times mg \cdot z = \frac{1}{2}mV^2$$

$$\frac{1}{2} \times 10 \times 12^2 - 0.2 \times 10 \times 9.8 \times 20 = \frac{10}{2}V^2$$

$$V = \sqrt{\frac{2\left(\frac{1}{2} \times 10 \times 12^2 - 0.2 \times 10 \times 9.8 \times 20\right)}{10}} = 8.1 \text{m/s}$$

3·5　각운동량과 각역적

(1) 각운동량(Angular Momentum)

기준점(축)에 대한 선운동량의 모멘트로 정의된다.
(각운동량＝선운동량의 모멘트)

$$\vec{H_0} = \vec{r} \times m\vec{V}$$

- 단위 : $[kg_m m^2/sec]$
- 차원 : $ML^2 T^{-1} = [FLT]$

예제문제 1

무게 0.8kg의 공이 평평한 테이블 위에 줄로 연결되어 중앙으로부터 r=2m를 유지하며 속도 V=6m/sec로 원을 그리며 회전하고 있다. 이때 발생된 각운동량은 얼마인가?

해설　$\vec{H} = \vec{r} \times m\vec{V}$

$H = mrV = 0.8 \times 2 \times 6 = 9.6 [kg_m m^2/sec]$

(2) 각역적(Angular Impulse)

기준점(축)에 대한 모멘트 $\vec{M_0}$를 시간에 대해 적분한 것으로 정의한다.

$$\vec{M_0} = \vec{r} \times \vec{F}$$

$$\text{각역적} : \int_{t1}^{t2} \vec{M_0} dt = \int_{t1}^{t2} (\vec{r} \times \vec{F}) dt$$

예제문제 2

크기를 무시할 만한 어떤 블록이 기준축에 대한 모멘트 $M_0 = 4t[Nm]$를 받고 있을 때 정지 상태로부터 5초 후의 각역적[J sec] 변화량은 얼마인가?

해설 각역적 $= \int_{t_1}^{t_2} M_0 dt = \int_0^5 4t dt = 2 \times 5^2 = 50[\text{J sec}]$

예제문제 3

질량 50kg, 중심에 대한 회전반경 0.5m인 플라이 휠에 2N·m의 토크 M이 가해진다. 처음에 정지상태에서 출발하여 5바퀴 회전한 후의 각속도는?

해설 회전반경 $k = \sqrt{\dfrac{I}{A}}$ (단면계) $= \sqrt{\dfrac{I}{m}}$ (질량계)

∴ 질량 관성 모멘트 $J = mk^2$

∴ $T = J \cdot a = mk^2 a = 2$

∴ 각가속도 $a = \dfrac{2}{50 \times 0.5^2} = 0.16$

∴ 5회 전 각변위 $5 \times 2\pi = 10\pi$

$10\pi = \dfrac{1}{2} a \cdot t^2$ $\quad t = \sqrt{\dfrac{10\pi \times 2}{a}} = \sqrt{\dfrac{10\pi \times 2}{0.16}} = 19.81$

∴ $\omega = a \cdot t = 0.16 \times 19.81 = 3.169 ≒ 3.1741 \text{rad/s}$

예제문제 4

원판의 회전운동에서 어떤 점 P에서의 접선가속도가 10m/s², 법선가속도가 5m/s²일 때, 이 점의 가속도의 크기는 몇 m/s²인가?

㉮ 2.2   ㉯ 3.9   ㉰ 7.1   ㉱ 11.2

해설 $a = \sqrt{a_n^2 + a_t^2} = \sqrt{10^2 + 5^2} = 11.2 \text{m/s}^2$

예제문제 5

관성모멘트가 20kg·m²인 플라이 휠(Fly Wheel)을 정지상태로부터 회전하기 시작하여 10초 사이에 3600rpm까지 일정가속하기 위해 필요한 토크는 몇 N·m인가?

㉮ 654　　㉯ 754　　㉰ 854　　㉱ 954

해설 $T = J\alpha = J\dfrac{dw}{dt} = 20\dfrac{2\pi \times 3600}{60 \times 10} = 753.98 \text{N} \cdot \text{m}$

예제문제 6

평면상에서 운동하고 있는 로봇 팔의 끝단 P점의 위치를 극좌표계로 나타내면 다음과 같다. 거리 $r(t) = 2 - \sin(\pi t)$ 각 $\theta(t) = 1 - 0.5\cos(2\pi t)$, $t=1$초에서의 P점의 가속도의 크기로서 맞는 것은?

㉮ π^2　　㉯ $2\pi^2$　　㉰ $3\pi^2$　　㉱ $4\pi^2$

해설 $r(1) = 2 - \sin(\pi) = 2$　$\omega = \dfrac{d\theta}{dt} = 1 + 0.5 \times 2\pi \sin(2\pi t) = 0$

$a_n = R\omega^2 = 0$　　$a_t = R\alpha = R\dfrac{d\omega}{dt} = 2(0.5 \times 4\pi^2 \cos(2\pi t)) = 4\pi^2$

$a = \sqrt{a_n^2 + a_t^2} = 4\pi^2$

예제문제 7

전동기(Motor)가 회전축에 400J의 토크로 3600rpm으로 회전시킬 때, 전동기가 공급하는 동력은?

㉮ 120.8kW　　㉯ 130.8kW　　㉰ 140.8kW　　㉱ 150.8kW

해설 $T = 974\dfrac{\text{kW}}{N} \times 9.8$

$\text{kW} = \dfrac{TN}{974 \times 9.8} = \dfrac{400 \times 3600}{974 \times 9.8}$

$= 150.86\text{kW}$

3·6 진동의 개요

1. 진동(Vibration)
질량과 탄성을 가진 운동체가 일정한 시간간격으로 똑같은 반복운동을 행하는 것을 말한다.

(1) 주기진동

일정한 시간이 지날 때마다 되풀이되는 운동을 말하며 특히, Sine이나 Cosine함수로 표시되는 운동을 조화운동이라 한다.

(2) 비주기진동

갑자기 가해진 외력에 의한 과도운동

2. 진동계의 구성요소

(1) 관성요소(Inertia)

질량 또는 질량관성모멘트

(2) 탄성요소(Elasticity)

스프링 또는 비틀림스프링

(3) 감쇠요소(Damping)

감쇠기 또는 비틀림감쇠기

(4) 기진요소(Excitation)

기진력 또는 기진변위

※ 기진력(Exciting Force) : 진동운동이 발생되도록 작용하는 외력

3. 진동의 종류

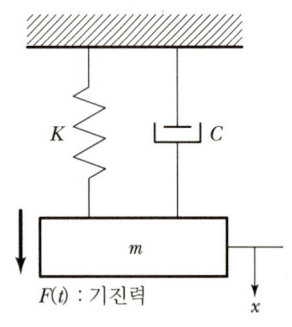

자유진동 ─┬─ 비감쇠자유진동 $m\ddot{x}+Kx=0$
　　　　　└─ 감쇠자유진동　　$m\ddot{x}+C\dot{x}+Kx=0$

강제진동 ─┬─ 비감쇠자유진동 $m\ddot{x}+Kx=F(t)$
　　　　　└─ 감쇠자유진동　　$m\ddot{x}+C\dot{x}+Kx=F(t)$

m : 질량,　K : 스프링상수,　C : 감쇠계수,　$F(t)$: 기진력

4. 단순조화운동

(1) 조화운동의 특성

1) 조화운동(Harmonic Motion)

주기운동 중에서 가장 간단한 형태로 Sin이나 Cos의 함수로 표시된다.

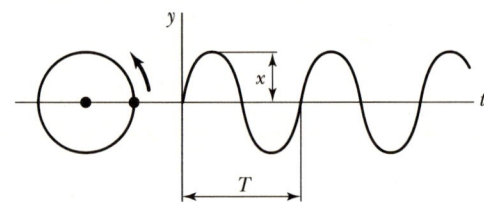

① 주기(T) : 주기운동이 되풀이되는 데 필요한 시간

② 변위(x)

③ 진폭(X) : 평형상태로부터의 최대변위로 운동의 크기를 나타낸다.

④ 각진동수(ω)

⑤ 위상각(ϕ)

⑥ 진동수(f) : 단위시간동안에 이룬 사이클수로 주기(T)의 역수이다.

⑦ 사이클 : $x=X\sin(\omega at+\phi)$에서

주기　$T=\dfrac{2\pi}{\omega}$ (sec)

진동수　$f=\dfrac{1}{T}=\dfrac{\omega}{2\pi}$ (cps)

03. 기계동역학

$$\boxed{\begin{array}{l}\omega T = 2\pi \\ T = \dfrac{1}{f}\end{array}} \quad \begin{array}{l}\sin(90 \pm A) = \cos A \\ \cos(90 \pm A) = \mp \sin A\end{array} \quad \begin{array}{l}\sin(180 \pm A) = \mp \sin A \\ \cos(180 \pm A) = \mp \cos A\end{array}$$

2) 단순조화 운동의 표시

변위 $x = X\sin\omega t$ 에서

① 최대변위 : $x = X$

② 속도 : $\dot{x} = \dfrac{dx}{dt} = \omega X \cos\omega t = \omega X \sin(\omega t + \dfrac{\pi}{2})$

③ 가속도 : $\ddot{x} = \dfrac{d^2 x}{dt^2} = -\omega^2 X \sin\omega t = \omega^2 X \sin(\omega t + \pi)$

④ 최대속도 : $\boxed{\dot{x}_{max} = \omega X}$

⑤ 최대가속도 : $\boxed{\ddot{x}_{max} = \omega^2 X}$

예제문제 1

$x = 5\sin\left(10\pi t - \dfrac{\pi}{3}\right)$에서 주기(sec)와 최대 속도(cm/s) 및 가속도(cm/s²)를 구하시오.

해설 ① 주기 $T = \dfrac{2\pi}{w} = \dfrac{2\pi}{10\pi} = 0.2\sec$

② 최대속도 및 최대가속도

$\dot{x} = \omega x = 10\pi \times 5 = 157 [cm/s]$

$\ddot{x} = \omega^2 x = (10\pi)^2 \times 5 = 4,989.8 [cm/s^2]$

동역학

3) 조화운동의 복소수 표시

① 단순조화 운동은 진폭이 X이고 속도가 ω인 회전벡터로 표시할 수 있다.

② 복소수 표시 : $x = X\cos\omega t + iX\sin\omega t = Xe^{iwt}$

단, $i = \sqrt{-1}$, $e^{iwt} = \cos\omega t + i\sin\omega t$ (오일러식)

xy평면상의 벡터 $\vec{X}$는 복소수로 나타낼 수 있다.

$$\vec{X} = a + ib = Ae^{i\phi}$$

여기서 $i = \sqrt{-1}$ 이고

a : x의 성분 = 실수부, b : y의 성분 = 허수부

$A = \sqrt{a^2 + b^2}$ $\phi = \tan^{-1}\dfrac{b}{a}$

예제문제 2

$x = 2\sin\left(0.5t + \dfrac{\pi}{6}\right)$ 에서 $t = 1.5t$ sec에서의 속도는 얼마인가?

해설 $\dot{x} = 2 \times 0.5\cos\left(0.5t + \dfrac{\pi}{6}\right) = 0.29$

---

4) 조화운동의 합성

① 삼각함수에 의한 방법

$$A\cos\omega t + B\sin\omega t = \sqrt{A^2 + B^2}\cos\left(\omega t - \tan^{-1}\dfrac{B}{A}\right)$$

$$= \sqrt{A^2 + B^2}\sin\left(\omega t + \tan^{-1}\dfrac{A}{B}\right)$$

$$A\cos\omega t - B\sin\omega t = \sqrt{A^2 + B^2}\cos\left(\omega t + \tan^{-1}\dfrac{B}{A}\right)$$

$$= \sqrt{A^2 + B^2}\sin\left(\omega t - \tan^{-1}\dfrac{A}{B}\right)$$

$$X\cos(\omega t+\beta)=A\cos\omega t+B\cos(\omega t+\alpha)$$
$$X=\sqrt{(A+B\cos\alpha)^2+(B\sin\alpha)^2}=\sqrt{A^2+B^2+2AB\cos\alpha}$$
$$\beta=\tan^{-1}\frac{B\sin\alpha}{A+B\cos\alpha}$$

예제문제 3

두 조화운동 $x_1=10\cos wt$ 와 $x_2=15\cos(wt+2)$의 합을 구하시오.

해설 두 조화운동을 합한 조화운동

$x(t)=x_1+x_2=A\cos(wt+\alpha)=A(\cos wt\,\cos\alpha-\sin wt\,\sin\alpha)=A\cos\alpha\cos wt-A\sin\alpha\sin wt$

$x(t)=x_1+x_2=10\cos wt+15\cos(wt+2))=(10+15\cos 2)\cos wt-15\sin 2\sin wt$

두 식을 비교해 보면
$A\cos\alpha=10+15\cos 2$ (rad로 계산)
$A\sin\alpha=15\sin 2$

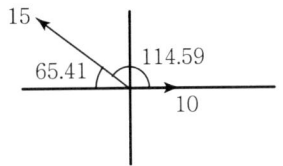

그러므로 $A=\sqrt{(10+15\cos 2)^2+(15\sin 2)^2}=14.152$

$\alpha=\tan^{-1}\dfrac{15\sin 2}{(10+15\cos 2)}=74.5796°$

두 조화운동의 합성운동

$x(t)=x_1+x_2=A\cos(wt+\alpha)=14.152\cos(wt+74.5796°)$

$\sqrt{10^2+15^2+2\times 10\times 15\cos 114.59}=14.152$

$2\dfrac{180}{\pi}=114.59°$

예제문제 4

$x = x\cos(100t - \phi)$의 조화진동에서 초기조건 $x(0) = 1\text{cm}$, $\dot{x}(0) = 100[\text{cm/s}]$일 때 진폭 x와 위상각을 구하시오.

해설 $x = x\cos(100t - \phi) = A\cos 100t + B\sin 100t$

$x(0) = 1 = A$

$\dot{x}(0) = -A100\sin 100t + 100B\cos 10t = 100B = 100$에서 $B = 1$

$x = \sqrt{1^2 + 1^2} = \sqrt{2}$

$\phi = \tan^{-1}\dfrac{1}{1} = \dfrac{\pi}{4}$

 예제문제 5

$x_1 = 2\sin\left(wt + \dfrac{\pi}{3}\right)$, $x_2 = 2\sin\left(wt + \dfrac{2\pi}{3}\right)$의 합성과 각도를 구하시오.

해설 $x = 2\sqrt{2}\,\sin\left(wt + \dfrac{\pi}{2}\right)$

 예제문제 6

$x = X\sin(\omega t + \phi)$의 진동을 하고 있을 경우 맞는 것은?

㉮ 진폭은 X이고 위상각이 ϕ이며 고유진동수는 ωt의 진동이다.

㉯ 진폭은 $\dfrac{X}{2}$이고 위상각이 ϕ인 진동이다.

㉰ 원진동수가 ω이며, 위상각이 ωt이다.

㉱ 진폭이 X이고 원진동수가 ω인 진동이다.

해설 X는 진폭이고 ω는 원진동수이며 ϕ는 위상각이다.

예제문제 7

진동수 10Hz로 상하진동을 하는 수평대 위에 놓인 물체가 대 위에서 튀지 않으려면 진폭은 얼마 이하로 되어야 하는가?

㉮ 1.28mm   ㉯ 2.48mm   ㉰ 3.68mm   ㉱ 4.88mm

해설 앞으로 튀지 않으려면 가속도가 중력가속도(9800mm/s²)보다 작아야 한다.

$N = 60 \times 10 \text{rpm}, \quad w = \dfrac{2\pi N}{60} = \dfrac{2\pi \times 600}{60} = 20\pi$

$a = x\omega^2 = x 20^2 \pi^2 = 9800$

$x = \dfrac{9800}{20^2 \pi^2} = 2.48 \text{mm}$

 예제문제 8

비감쇠인 질량 – 스프링계에서 초기조건으로 x_0의 변위를 주어 가만히 놓은 상태에서 진동이 일어난다면 변위의 크기를 시간의 함수로 표시하는 식은?(단, w_n : 고유진동수)

㉮ $x_0 \sin w_n t$ ㉯ $\dot{x}_0 \sin w_n t$ ㉰ $x_0 \cos w_n t$ ㉱ $\dot{x}_0 \cos w_n t$

해설 변위의 크기는 진폭으로 나타내므로 $x_0 \sin\theta = x_0 \sin w_n t$

예제문제 9

그림과 같은 정상 정현파형의 변위가 있다. 이 진동에 관한 설명 가운데 맞는 것은?

㉮ 진동수는 a이다.
㉯ b는 속도 진폭을 나타낸다.
㉰ 이 진동의 진동가속도 파형은 위상이 변할 뿐이며 역시 정성파형이 된다.
㉱ b의 크기를 알면 진동수를 알 수 있다.

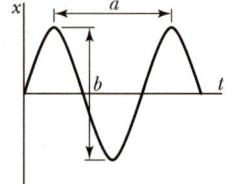

해설 a : 주기, b : 진폭의 2배($2x$)

해답 ㉰

 예제문제 10

스프링으로 지지되어 있는 어느 물체가 매분 120회를 반복하면서 상하운동을 한다면 운동이 조화운동이라고 가정하였을 때 고유진동수는 몇 rad/s인가?

㉮ 3.14   ㉯ 6.28   ㉰ 9.42   ㉱ 12.56

해설 고유진동수 : $\omega_N = \dfrac{2\pi N}{60} = \dfrac{2\pi \times 120}{60} = 12.56 \text{rad/s}$

예제문제 11

질량 10kg의 물체가 진폭 24cm, 주기 4sec의 단진동을 할 때, $t=0$에서 좌표가 +24cm였다면 $t=0.5$sec일 때 물체에 미치는 힘의 크기와 방향은?

㉮ +2.86N   ㉯ −4.18N   ㉰ −2.86N   ㉱ +4.18N

해설

$\omega T = 2\pi \qquad \omega = \dfrac{2\pi}{T} = \dfrac{2\pi}{4} = \dfrac{\pi}{2}$

$x = x\sin wt$ 에서 $x = \dfrac{x}{\sin wt} = \dfrac{24}{\sin wt}$

$\dot{x} = xw\cos wt$

$\ddot{x} = xw^2\sin(wt+\pi) = 0.24 \times \left(\dfrac{\pi}{2}\right)^2 \sin\left(\dfrac{\pi}{2} \times 0.5 + \pi\right) = -0.4187$

$F = m\ddot{x} = 10 \times (-0.4187) = -4.187$

예제문제 12

다음 중 조화운동을 하는 2개의 진동을 합성하여 울림(Beat)현상이 일어나는 경우는?

㉮ 진폭이 약간 다를 때   ㉯ 진폭이 차이가 많이 날 때
㉰ 진동수가 약간 다를 때   ㉱ 진동수가 차이가 많이 날 때

해설 울림현상 : 맥놀이 현상으로 진동수의 차이가 작을 때 발생하며 공진이 발생한다.

예제문제 13

질량이 10kg인 물체를 스프링 끝에 매달았더니 20cm 처졌다. 이 계의 고유진동수(Hz)는?

㉮ $\dfrac{7}{\pi}$ ㉯ $\dfrac{3.5}{\pi}$ ㉰ $\dfrac{2}{\pi}$ ㉱ $\dfrac{3}{\pi}$

해설 $f = \dfrac{1}{2\pi}\sqrt{\dfrac{k}{m}} = \dfrac{1}{2\pi}\sqrt{\dfrac{g}{\delta}} = \dfrac{1}{2\pi}\sqrt{\dfrac{9.8}{0.2}} = \dfrac{3.5}{\pi}$

예제문제 14

어떤 조화운동의 진폭은 9cm, 주기는 2초이다. 최대속도는 얼마인가?

㉮ 14.2m/sec　　㉯ 213m/sec　　㉰ 28.3m/sec　　㉱ 35.4m/sec

해설　$T = \dfrac{2\pi}{w}$ 에서 $w = \dfrac{2\pi}{T} = \dfrac{2\pi}{2} = \pi$, $V = \dot{x} = xw = 9 \times 3.14 = 28.3 \text{m/s}$

예제문제 15

그림과 같이 질량 M인 기계시스템 안에 질량 m인 부품이 각속도 ω로 회전하고 있다. 이 시스템의 진동응답에 대한 설명 중 맞는 것은?

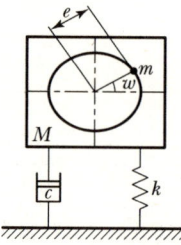

㉮ 회전 각속도 ω가 $\sqrt{\dfrac{k}{M}}$ 보다 크면 기계의 진동진폭이 커진다.

㉯ 회전 각속도 ω가 $\sqrt{\dfrac{k}{M}}$ 와 같아지면 기계의 진동진폭이 커진다.

㉰ 회전 각속도 ω가 $\sqrt{\dfrac{k}{M}}$ 보다 작아지면 기계의 진동진폭이 커진다.

㉱ 회전 각속도는 기계의 진동 진폭과 상관이 없다.

해설　회전각속도가 원진동수와 같으면 공진이 발생하며 진동폭이 증가되게 된다.

5. 비감쇠 자유진동

(1) 운동방정식의 형태

1) 직선계의 운동방정식

운동방정식 : $mx'' + kx = 0$

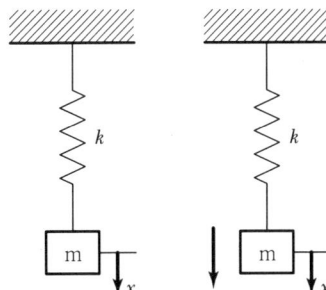

① 정적처짐 : $\delta_{st} = \dfrac{mg}{k}$

② 고유진동수 : $f_n = \dfrac{\omega_n}{2\pi}$

③ 고유각진동수

$x(t) = X\sin(\omega t)$, $\dot{x}(t) = X\omega\cos(\omega t)$, $\ddot{x}(t) = -X\omega^2\sin(\omega t)$

$m\ddot{x} + kx = 0$, $m \times (-X\omega^2 \sin\omega t) = -kX\sin\omega t$

여기서, 등식을 만족하는 각속도 ω가 고유각진동수이다.

즉 (고유각진동수) $\omega = \omega_n = \sqrt{\dfrac{k}{m}}$

$m\ddot{x} + c\dot{x} + kx = 0$

$w = \sqrt{\dfrac{k}{m}} = \sqrt{\dfrac{gF}{G\delta}} = \sqrt{\dfrac{g}{\delta}}$

④ $T = \dfrac{1}{f_n} = \dfrac{2\pi}{\omega_n}$

⑤ 변위 : $x = A\cos\omega t + B\sin\omega t = X\cos(\omega_n t - \phi) = X\sin(\omega_n t + \alpha)$

⑥ 진폭 : $X = \sqrt{A^2 + B^2}$

⑦ 위상각 : $\phi = \tan^{-1}\dfrac{B}{A}$, $\alpha = \tan^{-1}\dfrac{A}{B}$

⑧ 감쇠비 $\dfrac{C}{2\sqrt{mk}}$

2) 회전계의 운동 방정식

운동방정식 : $J\ddot{\theta} + k_1\theta = 0$

① 비틀림 고유진동수 : $m\ddot{x} + c\dot{x} + kx = 0$

$J\ddot{\theta} + c\dot{\theta} + k\theta = 0$

$w = \sqrt{\dfrac{k}{J}}$

비틀림 탄성계수(k) : $T = k\theta$

$$k = \frac{\pi d^4 G}{32l} \, [\text{kg} \times \text{m/rad}]$$

$k \to$ 1rad 비트는 데 필요한 Torque

$$f_n = \frac{\omega_n}{2\pi} = \frac{1}{2\pi}\sqrt{\frac{\pi g d^4}{4WD^2 l}}$$

② 비틀림 고유각진동수 : $\omega_n = \sqrt{\dfrac{k_t}{J}}$

③ 비틀림 주기 : $T = \dfrac{1}{f_n} = \dfrac{2\pi}{\omega_n}$

④ 비틀림각 : $\theta = A\cos\omega_n t + B\sin\omega_n t = X\cos(\omega_n t - \phi)$
$\qquad\qquad\quad = X\sin(\omega_n t + \alpha)$

⑤ 진폭 : $X = \sqrt{A^2 + B^2}$, 감쇠비 $\dfrac{c}{2\sqrt{JK}}$

⑥ 위상각 : $\phi = \tan^{-1}\dfrac{B}{A}$, $\alpha = \tan^{-1}\dfrac{A}{B}$

⑦ 질량관성 모멘트 J

㉮ 원판의 도심에서의 질량관성모멘트 $J_x = \dfrac{1}{2}mR^2 = \dfrac{WD^2}{8g}$

여기서, m : 질량, R : 원판의 반지름

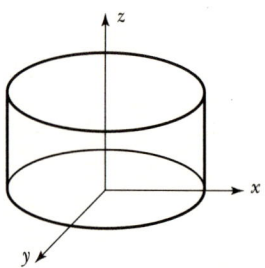

$J_y = J_z = \dfrac{1}{4}mR^2$

$J_x = \displaystyle\int R^2 dm = \int_0^R R^2 \sigma 2\pi R dR = 2\pi\sigma \int_0^R R^3 dR \; \left(dm = \sigma dA = \dfrac{M}{A}2\pi R dR\right)$

$= \dfrac{2\pi M}{A} = \dfrac{R^4}{4} = \dfrac{\pi M}{2\pi R^2}R^4 = \dfrac{1}{2}MR^2$

(여기서, σ는 단위면적당 질량 $\left(\dfrac{M}{A}\right)$으로 일정하다고 가정한다.
$A = \pi R^2$이므로 $dA = 2\pi R dR$이다.)

㉯ 원통막대의 도심에서의 질량관성모멘트 $J = \dfrac{1}{2} m R^2$

여기서, m : 질량 l : 막대의 길이

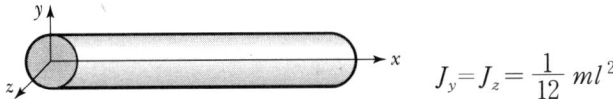

$$J_y = J_z = \dfrac{1}{12} m l^2$$

예제문제 16

K=12kg cm/rad이고 주기(T)가 2sec이다. 관성 모멘트는 몇 kg cm s²인가?

해설 $T = 2\pi \sqrt{\dfrac{J}{K}}$ 이므로

$J = \dfrac{T^2 K}{(2\pi)^2} = \dfrac{KT}{4\pi^2} = 1.21 \text{kg cm}^2$

예제문제 17

일단이 고정된 길이 l, 직경 d, 전단탄성계수 G인 봉의 끝에 질량관성모멘트(관성 능률) J인 물체가 붙어 있다. 이 봉을 비틀었다가 놓으면 봉의 중심선 주위의 비틀림 진동을 일으킨다. 봉의 질량을 무시할 때 비틀림 진동의 고유 원진동수를 유도하라.

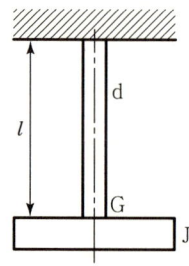

해설 비틀림 모멘트를 T라 할 때 봉의 비틀림각 θ는 다음과 같이 결정된다.

$$\theta = \frac{Tl}{GI_P} = \frac{32Tl}{G\pi d^4}$$

비틀림 스프링 상수 $K_t = \frac{T}{\theta}$가 되므로

$$K_t = \frac{\pi d^4 G}{32l}$$

고유 원진동수 ω는 다음과 같다.

$$\omega = \sqrt{\frac{K_t}{J}} = \sqrt{\frac{\pi d^4 G}{32lJ}}$$

예제문제 18

두께가 균일한 원판의 무게가 10N, 반지름이 0.5m이고, 회전축의 위치를 중심축으로 할 때 회전반경 k는 몇 m인가?

㉮ 3.33　　　㉯ 5.00　　　㉰ 0.50　　　㉱ 0.35

해설
$$J = \frac{1}{2}mR^2 = \frac{1}{2}\frac{10}{9.8} \times 0.5^2 = 0.13$$
$$K = \sqrt{\frac{J}{m}} = \sqrt{\frac{0.13 \times 9.8}{10}} = 0.35$$

 예제문제 19

길이 L, 질량 M인 일정단면의 가늘고 긴 봉에서 봉의 중심을 통과하는 봉에 수직인 직선에 관한 관성모멘트는?

㉮ $\frac{1}{4}ML^2$　　㉯ $\frac{1}{6}ML^2$　　㉰ $\frac{1}{12}ML^2$　　㉱ $\frac{1}{24}ML^2$

해답 ㉰

예제문제 20

질량관성 모멘트 $J=0.5kg \cdot m^2$인 원판이 질량을 무시할 수 있는 가는 막대끝단에 붙어 있다. 이 시스템의 고유진동수는 몇 rad/s인가?(단, 막대의 스프링 상수 $k=10N \cdot m/rad$)

㉮ 3.47 ㉯ 4.47
㉰ 5.25 ㉱ 6.25

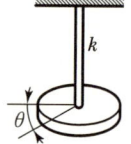

해설

$$f=\frac{1}{2\pi}\sqrt{\frac{k}{J}}=\frac{1}{2\pi}\sqrt{\frac{10}{0.5}}=0.711\text{cps}$$

$$\omega=\sqrt{\frac{k}{J}}=\sqrt{\frac{10}{0.5}}=4.4714\text{rad/s}$$

3) 진동계 운동방정식

① 단진자운동

질량이 m인 물체를 길이가 l인 로프에 매달아 단진자 운동을 시키는 진동계의 운동방정식과 각진동수, 고유진동수 그리고 주기는 다음과 같이 결정된다.

㉮ 운동방정식 : $ml\ddot{\theta}+mg\theta=0$

㉯ 각진동수 : $\omega=\sqrt{\dfrac{g}{l}}$

㉰ 고유진동수 : $f=\dfrac{1}{2\pi}\sqrt{\dfrac{g}{l}}$

㉱ 주기 : $T=2\pi\sqrt{\dfrac{l}{g}}$

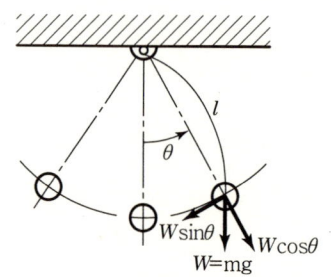

[단진자 진동계]

② 막대진자운동

질량이 m, 길이가 l인 막대의 한 쪽을 힌지로 하여 고정단에 부착하고 좌·우로 흔들어 진자운동을 시키는 진동계에 대해서 운동방정식과 각진동수, 고유진동수 그리고 주기를 결정하면 다음과 같다.

㉮ 질량관성모멘트 : $J = \dfrac{1}{3}ml^2$

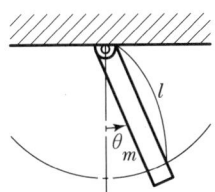

[막대진자의 진동계]

㉯ 운동방정식 : $\dfrac{1}{3}ml^2\ddot{\theta} = -W\dfrac{1}{2}\sin\theta\,(\theta$가 작을 시$) = -W\dfrac{l}{2}\theta = -\dfrac{mgl}{2}\theta$

$-\dfrac{mgl}{2} \times \dfrac{3}{ml^2} = \dfrac{3g}{2l}$ $\qquad \ddot{\theta} + \dfrac{3}{2l}g\theta = 0$

③ 각진동수 : $\omega = \sqrt{\dfrac{3g}{2l}}$

④ 고유진동수 : $f = \dfrac{\omega}{2\pi} = \dfrac{1}{2\pi}\sqrt{\dfrac{3g}{2l}}$

⑤ 주기 : $T = \dfrac{2\pi}{\omega} = 2\pi\sqrt{\dfrac{2l}{3g}}$

예제문제 21

단진자가 진동하는 각 θ가 작을 때 길이 l이 9배로 되면 진동 주파수 f는 몇 배 인가?

해설 길이가 l일 때는, 고유진동수를 ω, 진동주파수를 f로 놓고, $9l$일 때는 고유 원진동수를 ω', 진동주파수를 f'라 하면

$ml\ddot{\theta} + mg\theta = 0$

$\omega = \sqrt{\dfrac{g}{9l}}$

$\omega' = \sqrt{\dfrac{g}{9l}} = \dfrac{1}{3}\sqrt{\dfrac{g}{l}} = \dfrac{1}{3}\omega$

$f' = \dfrac{\omega'}{2\pi} = \dfrac{1}{3}\dfrac{\omega}{2\pi} = \dfrac{\omega}{6\pi} = \dfrac{1}{3}f$

예제문제 22

운동을 단일평면으로 제한한다면, 단진자가 진동하는 각변위 θ가 작을 때 길이 L이 4배로 되면 진동주기 T는 몇 배로 되는가?

해설 $T = \dfrac{2\pi}{\omega} = 2\pi\sqrt{\dfrac{l}{g}}$ l가 4배이므로 $T = \sqrt{4} = 2$배

예제문제 23

길이가 $2l$인 단진자의 주기는 길이가 l인 단전자의 주기의 몇 배가 되는가?
㉮ 0.5배이다   ㉯ $\sqrt{2}$배이다.   ㉰ $\sqrt{2}\pi$배이다.   ㉱ 2배이다.

해설 단진자 운동주기 $T = 2\pi\sqrt{\dfrac{l}{g}}$

$T_2 = 2\pi\sqrt{\dfrac{2l}{g}}$, $T_1 : T_2 = 1 : \sqrt{2}$

예제문제 24

질량 m, 길이 L의 가는 막대 AB가 A점을 중심으로 회전한다. $\theta=60°$의 정지상태의 막대를 놓는 순간 막대 AB의 각가속도는 얼마인가?

㉮ $\alpha=\dfrac{3}{2}\dfrac{g}{L}$

㉯ $\alpha=\dfrac{3}{4}\dfrac{g}{L}$

㉰ $\alpha=\dfrac{3}{2}\dfrac{g}{L^2}$

㉱ $\alpha=\dfrac{3}{4}\dfrac{g}{L^2}$

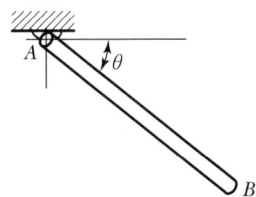

해설 $T=T\alpha$에서 $T=mg\sin\theta\cdot\dfrac{l}{2},\ J=\dfrac{ml^2}{3}$

$mg\sin\theta\dfrac{l}{2}=\dfrac{ml^2}{3}\alpha$

$\alpha=\dfrac{3g}{2l}\sin\theta=\dfrac{3}{2}\dfrac{g\sin 30}{l}=\dfrac{3g}{4l}$

 예제문제 25

단진자가 진동하는 각 θ가 작을 때 길이 L이 4배로 되면 진동주기 T는 몇 배로 되는가?

㉮ 16배

㉯ 4배

㉰ 2배

㉱ 0.5배

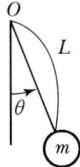

해설 진동주기 $T=2\pi\sqrt{\dfrac{l}{g}}$

∴ l이 4배가 되면 주기 T는 2배

동역학

예제문제 26

그림과 같은 스프링, 질량, 풀리로 이루어진 계의 고유진동수를 바르게 나타낸 것은?(단, 질량 m, 스프링 정수 k, 풀리의 질량과 마찰력은 무시한다.)

㉮ $f_n = \left(\dfrac{1}{\pi}\right)\sqrt{\dfrac{k}{m}}$

㉯ $f_n = \left(\dfrac{1}{\pi}\right)\sqrt{\dfrac{2k}{m}}$

㉰ $f_n = \left(\dfrac{1}{2\pi}\right)\sqrt{\dfrac{k}{2m}}$

㉱ $f_n = \left(\dfrac{1}{4\pi}\right)\sqrt{\dfrac{k}{m}}$

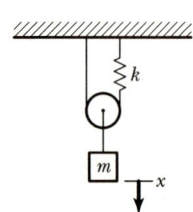

해설 $\dfrac{1}{2}mv^2 = \dfrac{1}{2}kx^2$ 에서 스프링에서는 늘어난 길이가 2배이므로

$\dfrac{1}{2}mv^2 = \dfrac{1}{2}k(2x)^2 = \dfrac{4}{2}kx^2$

$\omega = \sqrt{\dfrac{4k}{m}}$

$f = \dfrac{1}{2\pi}\sqrt{\dfrac{4k}{m}} = \dfrac{1}{\pi}\sqrt{\dfrac{k}{m}}$

예제문제 27

스프링 상수 25N/m인 스프링에 질량 1kg의 물체가 매달려서 조화진동을 할 때 진동식은?
(단, $t=0$일 때 $x(0)=0$, $\dot{x}(0)=2\text{m/sec}$이다.)

㉮ $x(t)=\dfrac{1}{4}\sin 3t$

㉯ $x(t)=\dfrac{2}{4}\sin 3t$

㉰ $x(t)=\left(\dfrac{2}{5}\right)\sin 5t$

㉱ $x(t)=\left(\dfrac{1}{4}\right)\sin 6t$

해설

$\ddot{x}+\dfrac{k}{m}=0$에서 $\omega_n=\sqrt{\dfrac{k}{m}}=\sqrt{\dfrac{25}{1}}=5$

$x(t)=A\sin\omega_n t+B\cos\omega_n t=B$

$x(0)=0$이므로 $B=0$

$\dot{x}(0)=A\omega_n\cos\omega_n t-B\omega_n\sin\omega_n t=A\omega_n$

$A\omega_n=2$, $A=\dfrac{2}{\omega_n}=\dfrac{2}{5}$ 그러므로 $x(t)=\dfrac{2}{5}\sin 5t$

(2) 에너지 방법과 Rayleigh 원리

1) 에너지 방법

비감쇠진동계에서는 에너지의 손실이 없으므로

T+U = 일정

여기서, T : 계의 질량의 속도로 인한 운동에너지
U : 임의의 기준위치로부터 측정된 질량의 형태 또는 탄성부재의 응력으로 인한 위치에너지

시간에 따른 계의 에너지 변화는 다음과 같다.

$$\boxed{\frac{d}{dt}(T+U)=0}$$

$$\frac{d}{dt}\left(\frac{m\dot{x}^2}{2}+\frac{kx^2}{2}\right)=0$$

$$\frac{m}{2}\times 2\dot{x}\ddot{x}+\frac{k}{2}\times 2x\dot{x}=0$$

$$\dot{x}(m\ddot{x}+kx)=0$$

2) Rayleigh 원리

• Rayleigh 원리의 특징

① 에너지 방법 사용시 자유물체도가 불필요하다.
② Rayleigh 원리 사용시 운동방정식을 유도하지 않고 고유진동수를 직접 구한다.

$$T_{max} = U_{max}$$

조화진동의 범위 : $x = X\sin\omega_n t$ 인 경우

$$T_{max} = \frac{1}{2}m\omega_n^2 X^2$$

$$U_{max} = \frac{1}{2}kX^2 \quad 단, \; \omega_n = \sqrt{\frac{k}{m}}$$

예제문제 28

그림과 같은 U자관 내의 유체 운동이 이루어질 때 진동의 고유주기를 구하시오.(단, 유체 기둥의 길이를 l, 유체의 단면적 A, 유체의 단위체적당 중량을 γ라 한다.)

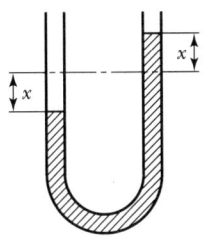

해설

질량 $m = \rho A \dfrac{x}{g}$

$\Sigma F = ma$

$m\ddot{x} = \rho A l \, \ddot{x}$

$-2A\rho g x = \rho A l \, \ddot{x}$

$\rho A l \, \ddot{x} + 2A\rho g x = 0$

$\ddot{x} + \dfrac{2g}{l} x = 0$

각진동수 $w = \sqrt{\dfrac{2g}{l}}$

진동주기 $T = \dfrac{2\pi}{w} = 2\pi \sqrt{\dfrac{l}{2g}}$

 예제문제 29

비감쇠 자유 진동에서 고유 각진동수 w, 초기 변위가 x_0, 초기속도가 V_0일 때, 진폭 X를 구하시오.

해설 1자유도 비감쇠 자유진동이므로 운동방정식과 일반해는 다음과 같다.

$$\frac{d^2x}{dt^2} + \left(\frac{K}{m}\right)x = 0 \qquad x = A\sin wt + B\cos wt$$

초기조건을 代入하면

t=0일 때 $x = x_0$, $\dot{x} = V = V_0$이므로

$x_0 = A\sin\theta + B\cos\theta$에서

$B = x_0 \qquad \dot{x} = Aw\cos wt + Bw(-\sin wt)$

$V_0 = A\omega + \theta \qquad A = \dfrac{V_0}{\omega}$

$\therefore x = \dfrac{V_0}{w}\sin wt + x_0 \cos wt$

진폭 $X = \sqrt{A^2 + B^2} = \sqrt{\left(\dfrac{V_o}{\omega}\right)^2 + x_0^2}$

예제문제 30

그림과 같은 진동계에서 질량 m의 진동방식을 구하고, 고유진동수 (f_n)과 고유 각진동수 (ω_n)를 구하시오.(단 회전체의 0점에 관한 관성모멘트는 J_0이다.)

해설 방법1 : 에너지법

(운동에너지) $T = \dfrac{1}{2} m \dot{x}^2 + \dfrac{1}{2} J_0 \dot{\theta}^2 = \dfrac{1}{2} m \dot{x}^2 + \dfrac{1}{2} J_0 \left(\dfrac{\dot{x}}{r^2} \right)$

(위치에너지) $U = \dfrac{1}{2} k (R\theta)^2 = \dfrac{1}{2} k R^2 \left(\dfrac{x^2}{r^2} \right)$

에너지방법에서 $\dfrac{d}{dt}(T + U) = 0$

미분하여 전개하면 $\dot{x} \left(m \ddot{x} + \dfrac{J_0}{r^2} \ddot{x} + k \dfrac{R^2}{r^2} x \right) = 0$

$\dot{x} \neq 0$이므로 운동방정식은 $\left(m + \dfrac{J_0}{r^2} \right) \ddot{x} + k \dfrac{R^2}{r^2} x = 0$

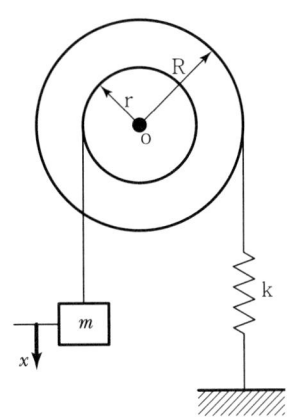

[운동에너지]

따라서 (고유 각진동수) $\omega_n = \sqrt{\dfrac{\left(k \dfrac{R^2}{r^2} \right)}{\left(m + \dfrac{J_0}{r^2} \right)}} = \sqrt{\dfrac{kR^2}{(mr^2 + J_0)}}$

(고유진동수) $f_n = \dfrac{1}{2\pi} \sqrt{\dfrac{kR^2}{(mr^2 + J_0)}}$

방법2 : Rayleigh 방법

$x(t) = X\sin(\omega t + a)$라 가정하면 $\quad x_{max} = X, \quad \dot{x}_{max} = \omega_n X$

(운동에너지) $\quad T = \dfrac{1}{2} m \dot{x}^2 + \dfrac{1}{2} J_0 \dot{\theta}^2 = \dfrac{1}{2} m \dot{x}^2 + \dfrac{1}{2} J_0 \left(\dfrac{\dot{x}^2}{r^2}\right) = \dfrac{1}{2}\left(m + \dfrac{J_0}{r^2}\right)(\omega_n X)^2$

(위치에너지) $\quad U = \dfrac{1}{2} k(R\theta)^2 = \dfrac{1}{2} kR^2 \left(\dfrac{x^2}{r^2}\right) = \dfrac{1}{2} kR^2 \left(\dfrac{X^2}{r^2}\right)$

$T_{max} = U_{max}$에서 (고유 각진동수) $\omega_n = \sqrt{\dfrac{kR^2}{(mr^2 + J_0)}}$

(고유진동수) $f_n = \dfrac{1}{2\pi}\sqrt{\dfrac{kR^2}{(mr^2 + J_0)}}$

3) 등가스프링상수

두 개 이상의 스프링이 연결되어 있는 경우에 각각의 스프링상수를 합성하여 한 개의 등가 스프링상수(Equivalent Spring Constant)로 표시될 수 있다.

구 분		등가스프링상수(k_{eq})
직렬스프링	(그림)	$k_{eq} = \dfrac{k_1 \times k_2}{k_1 + k_2}$
병렬스프링	(그림)	$k_{eq} = k_1 + k_2$
병렬스프링	(그림)	$k_{eq} = \dfrac{(a+b)^2}{\dfrac{b^2}{k_1} + \dfrac{a^2}{k_2^2}}$
외팔보	(그림)	$k_{eq} = \dfrac{3EI}{l^3}$
단순보	(그림)	$k_{eq} = \dfrac{3EI(l_1 + l_2)}{l_1^2 + l_2^2}$
양단고정보	(그림)	$k_{eq} = \dfrac{3EI(l_1 + l_2)^3}{l_1^3 l_2^3}$
외팔보에 연결된 질량	(그림)	$k_{eq} = \dfrac{3EIk}{3EI + kl^3}$
단순보에 연결된 질량	(그림)	$k_{eq} = \dfrac{48EIk}{48EI + kl^3}$

예제문제 31

질량 m과 스프링상수가 k_1인 스프링으로 구성된 진동계의 고유진동수는 f_1이다. 스프링상수 k_2인 스프링이 k_1과 직렬로 연결되었을 때 진동계의 고유진동수가 $\frac{1}{3}f_1$이 되었다면 k_2는 k_1의 몇 배인가?

해설

$$f_1 = \frac{1}{2\pi}\sqrt{\frac{k_1}{m}}, \quad f_2 = \frac{1}{2\pi}\sqrt{\frac{k_{eq}}{m}} = \frac{1}{3}f_1$$

따라서, $\sqrt{k_{eq}} = \frac{1}{3}\sqrt{k_1}$ 즉 $k_{eq} = \frac{1}{9}k_1$ ·················· ①식

$$\frac{1}{k_{eq}} = \frac{1}{k_1} + \frac{1}{k_2} = \frac{k_1 + k_2}{k_1 k_2}$$

그런데, $k_{eq} = \dfrac{k_1 \cdot k_2}{k_1 + k_2}$ ·················· ②식

결국 ①, ②식에서, $\dfrac{k_2}{k_1 + k_2} = \dfrac{1}{9}$ 이므로 $9k_2 = k_1 + k_2$

$\therefore k_2 = \dfrac{1}{8}k_1$

예제문제 32

계의방위(Orientation)에 따라서 자중이 등가스프링력에 포함될 수 있다. 다음 그림에 보인 계의 운동방정식으로 맞는 것은?(단, 미소진동이라 가정($\sin\theta \approx \theta$)한다.)

㉮ $mL^2\ddot{\theta} + (mgL + ka^2)\theta = 0$
㉯ $mL^2\ddot{\theta} + ka^2\theta = 0$
㉰ $mL^2\ddot{\theta} + (ka^2 - mgL)\theta = 0$
㉱ $mL^2\ddot{\theta} + (ka^2 - 2mgL)\theta = 0$

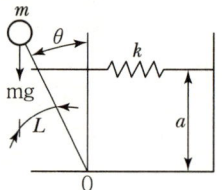

해설

$T = J\alpha$

$mgL\sin\theta - ka^2\theta = mL^2\ddot{\theta}$

$mL^2\ddot{\theta} + (ka^2 - mgL)\theta = 0$

중심 O에 대한 질량관성 모멘트가 J_0이고 반지름 r, 질량 m의 원통의 중심 O에 스프링 상수 k의 스프링이 달려 있다. 원통이 미끄럼 없이 굴러갈 때 이 계의 고유진동수는?

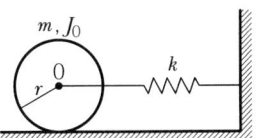

㉮ $f = \dfrac{1}{2\pi}\sqrt{\dfrac{kr^2}{mr^2+J_0}}$ ㉯ $f = \dfrac{1}{2\pi}\sqrt{\dfrac{kr^2}{mr^2-J_0}}$

㉰ $f = \dfrac{1}{2\pi}\sqrt{\dfrac{kr^2+mr}{J_0}}$ ㉱ $f = \dfrac{1}{2\pi}\sqrt{\dfrac{kr^2-mr}{J_0}}$

해설

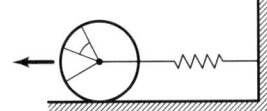

운동에너지 $K.E. = \dfrac{1}{2}mv^2 + \dfrac{1}{2}J\omega^2 = \dfrac{1}{2}m\dot{x}^2 + \dfrac{1}{2}J\dot{\theta}^2 = \dfrac{1}{2}m\dot{x}^2 + \dfrac{1}{2}J\left(\dfrac{\dot{x}}{r}\right)^2$

$\qquad = \dfrac{1}{2}m\dot{x}^2 + \dfrac{1}{2}\dfrac{J}{r^2}\dot{x}^2 = \left(\dfrac{1}{2}m + \dfrac{1}{2}\dfrac{J}{r^2}\right)\dot{x}^2$

위치에너지 $P.E. = \dfrac{1}{2}kx^2 \qquad \dfrac{d}{dt}(KE+PE) = 0$

$m\dot{x}\ddot{x} + \dfrac{J}{r^2}\dot{x}\ddot{x} + kx\dot{x} = 0 \qquad \left(m\ddot{x} + \dfrac{J}{r^2}\ddot{x} + kx\right)\dot{x} = 0$

$\left(m + \dfrac{J}{r^2}\right)\ddot{x} + kx = 0$

$\omega = \sqrt{\dfrac{k}{m+\dfrac{J}{r^2}}} \qquad f = \dfrac{1}{2\pi}\omega = \dfrac{1}{2\pi}\sqrt{\dfrac{kr^2}{mr^2+J}}$

동역학

예제문제 34

그림과 같은 스프링 – 질량계(Spring – Mass System)의 고유 진동수는?(단, 스프링의 질량은 무시한다. k_1, k_2 : 스프링상수)

㉮ $f = \dfrac{1}{2\pi}\sqrt{\dfrac{k_1 k_2}{m(k_1 + k_2)}}$

㉯ $f = \dfrac{1}{2\pi}\sqrt{\dfrac{k_1 k_2}{m}}$

㉰ $f = \dfrac{1}{2\pi}\sqrt{\dfrac{m}{k_1 + k_2}}$

㉱ $f = \dfrac{1}{2\pi}\sqrt{\dfrac{m(k_1 k_2)}{k_1 + k_2}}$

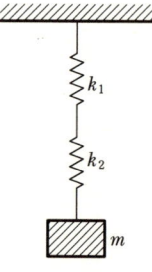

해설

$k = \dfrac{k_1 k_2}{k_1 + k_2}$

$f_n = \dfrac{1}{2\pi}\sqrt{\dfrac{k}{m}} = \dfrac{1}{2\pi}\sqrt{\dfrac{k_1 k_2}{m(k_1 + k_2)}}$

7. 감쇠 자유진동

(1) 감쇠의 종류

실제 진동계에서는 어떤 형태든 간에 물체에 작용하는 운동저항 때문에 진동의 진폭이 점차적으로 감쇠되어가는 과정을 감쇠(Damping)라고 한다.

1) 점성감쇠
유체와 고체면 사이에 생기는 점성저항이며, 동일재료에 대해서 비교적 저속상대 운동에서는 속도에 비례한다. 고속에서는 속도의 2승에 비례하기도 한다.

2) 쿨롱감쇠
건조한 고체면 사이의 미끄럼에서 생기는 건성저항을 말한다.

3) 고체감쇠
고체에 주기적인 변동하중이 작용하여 변형할 때 내부마찰이나 히스테리스에 의해서 생긴다.

(2) 점성감쇠

1) 운동방정식

$$m\ddot{x} + c\dot{x} + kx = 0$$

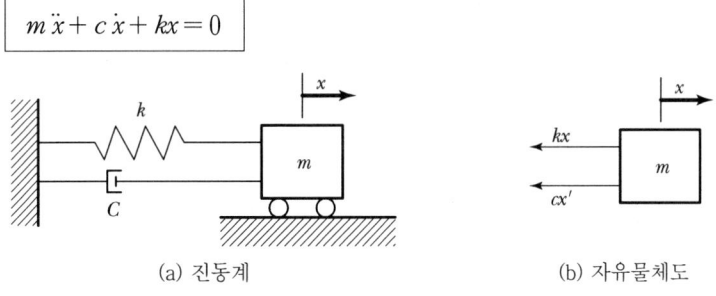

(a) 진동계   (b) 자유물체도

- 1자유도계 감쇠 자유진동

$$\Sigma F = ma \qquad m\ddot{x} + C\dot{x} + kx = 0$$

$$\ddot{x} + \frac{C}{m}\dot{x} + \frac{k}{m}x = 0$$

$$n = \frac{C}{m} \qquad \omega = \sqrt{\frac{K}{m}}$$

$$\ddot{x} + 2n\dot{x} + \omega^2 x = 0$$

① 임계감쇠계수(Critical Damping Coefficient : C_c) : 근호의 값이 0이 되게 하는 C의 값

$$\ddot{x} + \frac{c}{m}\dot{x} + \frac{k}{m}x = 0$$

$$\lambda = -\frac{c_{cr}}{2m} \pm \sqrt{\left(\frac{c_{cr}}{2m}\right)^2 - \frac{k}{m}}$$

임계감쇄조건 $\left(\frac{c_{cr}}{2m}\right)^2 - \frac{k}{m} = 0$에서

$$c_{cr} = 2\sqrt{mk} = 2mw_n = \frac{2k}{w_n}$$

② 감쇠비(감쇠계수 : Damping Factor)

$$\phi = \frac{c}{c_c} = \frac{c}{2\sqrt{mk}} = \frac{c}{2mw_n} = \frac{cw_n}{2k}$$

③ 감쇠고유각 진동수(Damped Natural Frequency)

$$w_{nd} = w_n\sqrt{1-\phi^2}$$

2) 감쇠형태

① 임계감쇠(Critically Damped System) : $C = C_c$, $\phi = 1$

떨림이 일어나자마자 끝나는 감쇠현상으로 시스템이 진동하지 않는 가장 작은 c값을 갖도록 하는 상태이다.

② 초임계감쇠(Overdamped System) : $C > C_c$, $\phi > 1$

감쇠가 커서 떨림이 전혀 일어나지 않는 감쇠현상으로 과도감쇠라고도 하며 감쇠의 영향이 너무 커서 물체가 변위되어 놓여질 때 진동 없이 원래 위치로 단순히 되돌아가는 운동을 한다.

③ 아임계감쇠 : $C < C_c$, $\phi < 1$

감쇠가 부족해서 떨림이 발생하여 일정시간동안 떨림이 발생되는 감쇠현상으로 부족감쇠라고도 한다.

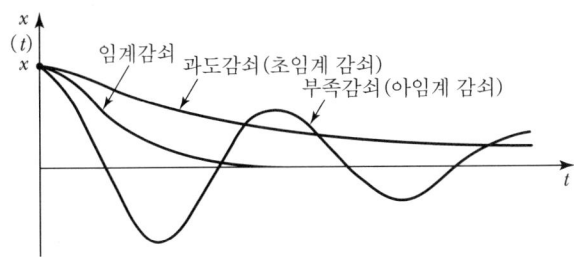

예제문제 35

감쇠 자유진동에서 W=40kg, C=0.5kg · sec/cm, k=8kg/cm일 때 다음을 구하시오.
① 임계 감쇠계수
② 감쇠비(ϕ)
③ 감쇠 고유각진동수(w_{nd})

해설
① $C_c = 2\sqrt{mk} = 2\sqrt{\dfrac{40 \times 8}{980}} = 1.143$ kg · sec/cm

② $\phi = \dfrac{C}{C_c} = \dfrac{0.5}{1.143} = 0.437$

③ $W_{nd} = W_n\sqrt{1-\phi^2} = 14\sqrt{1-0.191} = 12.6$ rad/sec

단, $w_n = \sqrt{\dfrac{k}{m}} = \sqrt{\dfrac{980 \times 8}{40}} = 14$ rad/sec

예제문제 36

$m\ddot{x} + c\dot{x} + kx = 0$로 나타내어지는 자유감쇠 진동계에서 감쇠비(Damping Ratio) ζ를 나타내는 식이 아닌 것은?

㉮ $\dfrac{c}{2mv_n}$ ㉯ $\dfrac{ck}{2w_n}$ ㉰ $\dfrac{cw_n}{2k}$ ㉱ $\dfrac{c}{2\sqrt{mk}}$

해설 $\zeta = \dfrac{C}{C_c} = \dfrac{C}{2\sqrt{mk}} = \dfrac{C}{2mw_n} = \dfrac{Cw_n}{2k}$

(3) 대수감쇠율

1) 정의

2개의 이웃하고 있는 진폭의 진폭비는 다음과 같다.

$$\frac{X_0}{X_1} = X_2 \cdots\cdots = \frac{X_{m-1}}{X_m} = e^\delta = 일정$$

이때의 δ값을 대수감쇠율이라 부른다.

$$\delta = \ln\frac{X_0}{X_1} = \ln\frac{X_1}{X_2} = \cdots\cdots \ln\frac{X_{m-1}}{X_m}$$

$$\therefore (대수감쇠율)\ \delta = \frac{1}{n}\ln\frac{X_0}{X_n}$$

2) 감쇠비(ϕ)와 대수감쇠율(δ)의 관계

$$\delta = \frac{2\pi\phi}{\sqrt{1-\phi^2}}$$

$\phi \ll 1$인 경우에는 $\delta \approx 2\pi\phi$

$\phi = \dfrac{\delta}{\sqrt{4\pi^2 + \delta^2}}$, 감쇠력이 작고 $c \ll C_c$의 경우 $\delta = \dfrac{2\pi c}{C_c} = \dfrac{\pi c}{mw_n}$

예제문제 37

감쇠자유진동 시 진동계에서 진폭이 5Cycle 뒤에 50% 감소하는 감쇠비는?

해설

$\delta = \dfrac{1}{5}\ln\dfrac{x_0}{x_5} = \dfrac{1}{5}\ln\dfrac{x_0}{0.5x_0} = 0.139$

$\phi = \dfrac{\delta}{\sqrt{4\pi^2+\delta^2}} = \dfrac{0.139}{\sqrt{4\pi^2+0.139^2}} = 0.022$

예제문제 38

1 자유도 시스템에서 감쇠비가 0.1인 경우 대수감소율은?

㉮ 0.2315 ㉯ 0.4315 ㉰ 0.6315 ㉱ 0.8315

해설 $\delta = \dfrac{2\pi\phi}{\sqrt{1-\phi^2}} = \dfrac{2\pi \times 0.1}{\sqrt{1-0.1^2}} = 0.6315$

예제문제 39

감쇠비가 0.0681인 감쇠 자유진동에서 서로 이웃하고 있는 2개 사이클의 진폭비는?

㉮ 0.429 ㉯ 1.54 ㉰ 4.29 ㉱ 15.4

해설 감쇠비 $\zeta = 0.0681$

대수감쇠율 $\delta = \dfrac{2\pi\phi}{\sqrt{1-\phi^2}} = \dfrac{2\pi \times 0.0681}{\sqrt{1-0.0681^2}} = 0.429$

진폭비 $\dfrac{x_0}{x_1} = e^\delta = e^{0.492} = 1.54$

예제문제 40

그림과 같은 1자유도 진동계에서 W가 50N, k가 0.32N/cm이고 감쇠비 $\zeta = 0.4$일 때 이 진동계의 점성감쇠 c는 몇 N·s/m인가?

㉮ 10.22
㉯ 102.2
㉰ 5.48
㉱ 54.8

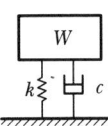

해설 $C_c = 2\sqrt{mk} = 2\sqrt{\dfrac{50 \times 0.32 \times 100}{9.8}} = 12.77$

∴ $C = 0.4 \times C_c = 0.4 \times 12.77 = 10.22$

다음 중 감쇠비(ζ)를 계산할 수 있는 방법은?

㉮ 대수감소율 ㉯ 고유진동수
㉰ 스프링상수 ㉱ 주기

해설 감쇠비(ζ)

대수감쇠율 $\delta = \dfrac{2\pi\zeta}{\sqrt{1-\zeta^2}} = 2\pi\zeta\,(\zeta \ll 1)$

다음 1자유도 감쇠 진동계의 감쇠비는? (단, 감쇠계수 C는 130N·s/m)

㉮ 0.1625
㉯ 0.325
㉰ 0.4875
㉱ 0.65

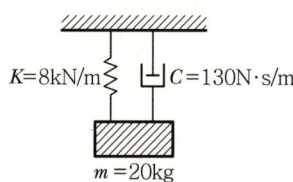

해설 임계감쇠계수

$$C_c = 2\sqrt{mk} = 2m\omega = 2m\sqrt{\dfrac{k}{m}} = 2\times 20 \times \sqrt{\dfrac{8\times 10^3}{20}} = 800$$

감쇠비 : $\zeta = \dfrac{C}{C_c} = \dfrac{130}{800} = 0.1625$

예제문제 43

그림과 같은 계에서 진폭이 감쇠되는 주기운동을 할 수 있는 m, k와 c의 관계는?(단, k : 스프링 상수, c : 감쇠계수, m : 질량)

㉮ $c = 2\sqrt{km}$
㉯ $c = \sqrt{km}$
㉰ $c < 2\sqrt{km}$
㉱ $c < \sqrt{km}$

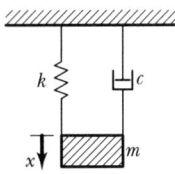

해설 감쇠비가 1보다 작을 시 감쇠진동이다.

$$\zeta = \frac{C}{C_c} = \frac{C}{2\sqrt{mk}} < 1, \quad c < 2\sqrt{mk}$$

 예제문제 44

중량이 42N, 스프링상수가 28N/cm, 감쇠계수(c)가 0.3N·s/cm일 때 이 계의 감쇠비(ζ)는 얼마인가?

㉮ 0.323 ㉯ 0.215 ㉰ 0.137 ㉱ 0.174

해설 감쇠비 : $\zeta = \dfrac{C}{C_c} = \dfrac{C}{2\sqrt{mk}} = \dfrac{cw_m}{2k} = \dfrac{0.3}{2 \times 28} \times \sqrt{\dfrac{9.8 \times 28}{42}} = 0.1369 = 0.137$

예제문제 45

대수감쇠율 δ를 대수감쇠비로 나타내면?

㉮ $\dfrac{\delta}{\sqrt{4\pi^2+\delta^2}}$ ㉯ $\dfrac{1}{\sqrt{4\pi^2+\delta^2}}$

㉰ $\dfrac{\delta^2}{4\pi^2+\delta^2}$ ㉱ $\dfrac{\delta^2}{\sqrt{4\pi^2+\delta}}$

해설 감쇠비 $\phi = \dfrac{\delta}{\sqrt{4\pi^2+\delta^2}}$

대수감쇠율 $\delta = \dfrac{2\pi\phi}{\sqrt{1-\phi^2}}$

예제문제 46

감쇠비가 0.1인 자유감쇠 진동계에서 감쇠 고유진동수는 비감쇠 고유진동수의 몇 배인가?

㉮ 0.945 ㉯ 0.965
㉰ 0.995 ㉱ 1.25

해설 $\dfrac{w_d}{w} = \sqrt{1-\phi^2} = \sqrt{1-0.1^2} = 0.995$

(4) 직렬 및 병렬 점성감쇠

1) 등가점성감쇠계수

구분	구 분	등가점성감쇠계수
직렬	c_1 —[c_2 —[→	$C_{eq} = \dfrac{c_1 c_2}{c_1 + c_2}$
병렬	c_1, c_2 병렬 →	$C_{eq} = c_1 + c_2$

2) 등가계

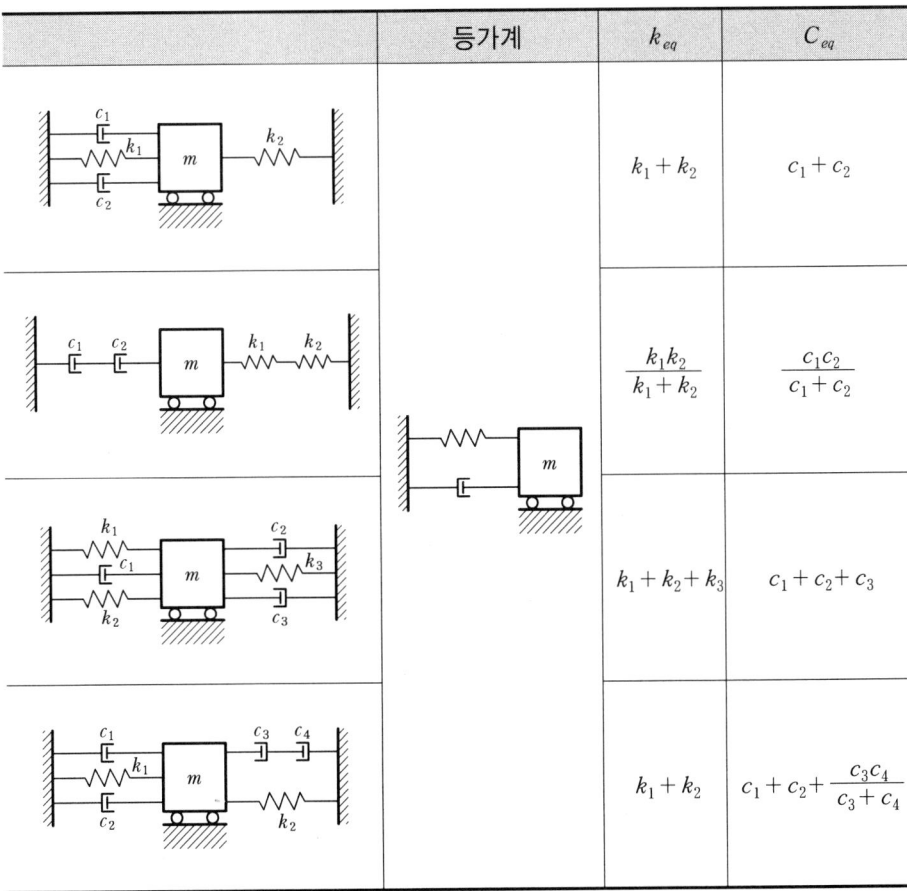

등가계	k_{eq}	C_{eq}
	$k_1 + k_2$	$c_1 + c_2$
	$\dfrac{k_1 k_2}{k_1 + k_2}$	$\dfrac{c_1 c_2}{c_1 + c_2}$
	$k_1 + k_2 + k_3$	$c_1 + c_2 + c_3$
	$k_1 + k_2$	$c_1 + c_2 + \dfrac{c_3 c_4}{c_3 + c_4}$

예제문제 47

그림에 보인 진동계에서 상대변위에 관한 식을 구하면 비감쇠 자유진동임을 알 수 있다. $\dfrac{k}{m}=4$일 때 고유진동수(w_n)는?

㉮ 2
㉯ $2\sqrt{2}$
㉰ $2\sqrt{3}$
㉱ 4

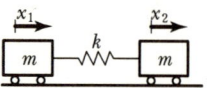

해설

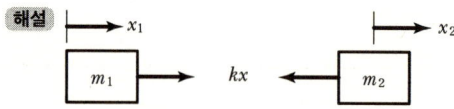

$x_2 - x_1 = x$

$m_2 \ddot{x}_2 - kx = 0$ $\qquad m_1 m_2 \ddot{x}_2 + m_1 kx = 0$
$m_1 \ddot{x}_1 + kx = 0$ $-\;\; m_1 m_2 \ddot{x}_1 - m_2 kx = 0$

$m_1 m_2 (\ddot{x}_2 - \ddot{x}_1) + (m_1 k + m_2 k) x = 0$

$m_1 m_2 \ddot{x} + (m_1 + m_2) kx = 0$

$w = \sqrt{\dfrac{(m_1 + m_2)}{m_1 m_2} k} = \sqrt{\dfrac{2mk}{m^2}} = \sqrt{\dfrac{2k}{m}}$

$\quad = \sqrt{2 \times 4} = 2\sqrt{2}$

예제문제 48

그림과 같은 진동계의 운동방정식을 $m\ddot{x}+kx=0$라 놓을 때 k는 몇 N/cm인가?

㉮ 300
㉯ 150
㉰ 100
㉱ 46.7

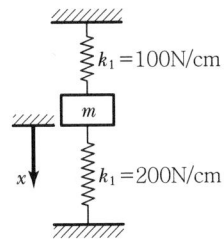

해설 $k=k_1+k_2=100+200=300\,\text{N/cm}$

예제문제 49

다음 그림에서 정적 처짐(δ_{st}) = 5cm이고 스프링상수(K)는 30kg/cm이며 댐핑계수(C)는 1kg s/cm일 때 계의 감쇠비를 구하시오.

해설 $\delta_{st}=5\text{cm}$, $k=30\,[\text{kg/cm}]$

계의 감쇠비

$C_c = 2\sqrt{mk} = 2mw_n = \dfrac{2k}{w_n}$

$C_c^2 = 4mk$

$(3C_{cr})^2 = 4mk$

$C_{cr} = \sqrt{\dfrac{4}{9}mk} = \dfrac{2}{3}\sqrt{mk} = \dfrac{2}{3}\dfrac{k}{w_n}$

$\phi = \dfrac{C}{C_{cr}} = \dfrac{C}{\dfrac{2k}{3w_n}} = \dfrac{3w_n C}{2k} = \dfrac{\sqrt[3]{\dfrac{g}{\delta}}\times 1}{2\times 30} = \dfrac{\sqrt[3]{\dfrac{980}{5}}\times 1}{2\times 30} = 0.7$

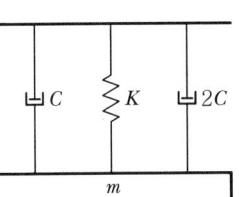

예제문제 50

다음 그림에서 임계감쇠계수(C_{cr})를 구하시오.

해설
$m\ddot{x} = (c' + c'')\dot{x} + kx = 0$

$m\ddot{x} + \dfrac{5}{2}c\dot{x} + kx = 0$

$\left(\dfrac{5}{2}C_{cr}\right)^2 = 4mk$

$C_{cr}^2 = 4mk\dfrac{4}{25}$

$C_{cr} = \dfrac{4}{5}\sqrt{mk}$

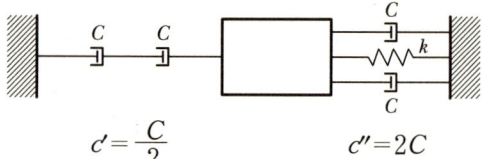

$c' = \dfrac{C}{2} \qquad c'' = 2C$

예제문제 51

그림에 보인 진동계에서 $\dfrac{k}{m} = 6$ 이라면 계의 고유진동수(f_n)는 몇 Hz인가?

㉮ 0.318
㉯ 0.39
㉰ 0.478
㉱ 0.676

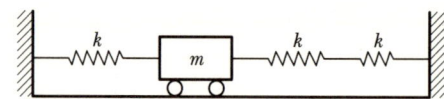

해설
$\dfrac{1}{k'} = \dfrac{1}{k} + \dfrac{1}{k} = \dfrac{2}{k} \qquad \therefore k' = \dfrac{k}{2}$

$k = k + k' = k + \dfrac{k}{2} = \dfrac{3}{2}k = \dfrac{3}{2} \times 6m = 9m$

$w = \sqrt{\dfrac{k}{m}} = \sqrt{\dfrac{9m}{m}} = \sqrt{9} = 3$

$w = \dfrac{2\pi N}{60}$ 에서

$N = \dfrac{60w}{2\pi} = \dfrac{60\sqrt{9}}{2\pi} = 28.66 \qquad f_n = \dfrac{N}{60} = \dfrac{28.66}{60} = 0.478\,\text{Hz}$

(5) 쿨롱(Coulomb)감쇠

물체와 건조한 면 사이의 마찰에 의한 감쇠

1) 운동방정식

$$m\ddot{x} + kx \pm \mu mg = 0$$

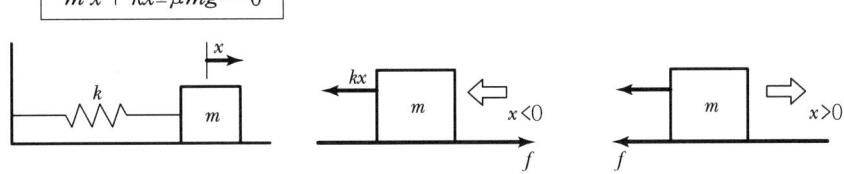

마찰계수를 μ라 하면 감쇠력의 크기는 μmg으로 표시되며 속도의 반대방향으로 작용한다.

$$f = \mu mg = ka \text{에서 쿨롱감쇠계수 } a = \frac{\mu mg}{k}$$

여기서, μ : 마찰계수, μmg : 감쇠력

2) 주기

$$T = \frac{2\pi}{w_n} = 2\pi\sqrt{\frac{m}{k}}$$

3) n-반사이클 후의 진폭

$$x_n = x_0 - 2an$$

4) 정지조건

$$n_{last} \geq \frac{x_0 - a}{2a}$$

동역학

예제문제 52

쿨롱 감쇠계수를 수반하는 진동계에서 (무게) W=10kg, 스프링상수 k=4kg/cm, 마찰계수 $\mu=0.16$, $x(0)$=5cm일 때 다음을 구하시오.

① 2사이클 후의 진폭
② 정지위치를 구하시오.
③ 정지할 때까지 걸린 시간을 구하시오.

해설 ① $a = \dfrac{\mu mg}{k} = \dfrac{0.16 \times 10}{4} = 0.4\text{cm}$

그러므로 (2사이클 후의 진폭) $x_n = x_0 - 2\,a\,n = 5 - 2 \times 0.4 \times 4 = 1.8\text{cm}$

② n-반사이클 후의 진폭: $x_n = x_0 - 2\,a\,n$

(정지하기까지 걸린 반사이클의 횟수) $n_{last} \geq \dfrac{x_0 - a}{2a} = \dfrac{5 - 0.4}{2 \times 0.4} = 5.75 \fallingdotseq 6$

$x_{rest} = x_0 - 2\,a\,n_{last} = 5 - 2 \times 0.4 \times 6 = 0.2\text{cm}$

③ (주기) $T = 2\pi\sqrt{\dfrac{m}{k}} = 2\pi\sqrt{\dfrac{10}{4 \times 980}} = 0.317[\text{sec/cycle}]$

(정지할 때까지 걸린 시간) $t_{stop} = 0.317 \times \dfrac{6}{2} = 0.952\text{sec}$

예제문제 53

그림과 같이 쿨롱감쇠를 일으키는 진동계에서 마찰계수 $\mu=0.1$, 질량 $m=100$kg, 스프링 상수 $k=981$N/cm이다. 초기변위를 2cm 주었다가 놓을 때 4cycle 후의 진폭은 얼마가 되겠는가?

㉮ 0.4cm
㉯ 0.1cm
㉰ 1.2cm
㉱ 0.8cm

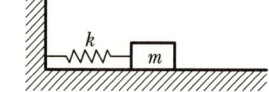

해설 쿨롱(Coulomb)감쇠계수

$a = \dfrac{\mu mg}{k} = \dfrac{0.1 \times 100 \times 9.81}{981 \times 100} = 0.001\text{m} = 0.1\text{cm}$

$x = x_o - 2\,a\,n = 2 - 2 \times 0.1 \times 8 = 0.4\text{cm}$

8. 강제진동

(1) 비감쇠 강제진동

질량 m에 가진력 $F(t) = f_0 \sin wt$가 작용하는 질량-스프링계의 비감쇠 강제진동의 운동방정식은

$$m\ddot{x} + kx = F(t) = f_0 \sin wt$$

1) 변위

$$x = x_c + x_p = A\cos w_n t + B\sin w_n t + \frac{f_0}{k - mw^2}\sin wt$$

단, x_c는 보조해, x_p는 특수해

$$x_c = A\cos w_n t + B\sin w_n t$$

$$x_p = \frac{f_0}{k - mw^2}\sin wt$$

2) 공진은 $w = w_n$일 때 일어난다.

단, w : 각진동수, w_n : 고유진동수

3) 정상상태진폭

$$X = \frac{f_0}{k - mw^2}$$

4) 진동수비

$$\gamma = \frac{w}{w_n}$$

5) 진폭비

$$\frac{X}{X_{st}} = \frac{1}{|1 - \gamma^2|}$$

여기서, $X_{st} = \frac{f_0}{k}$

예제문제 54

그림과 같은 비감쇠 강제진동계에서 $m=2$[kg], $k=22$[N/cm], $F(t)=7\sin 3t$[N]일 때, 이 계의 정상상태 진동 x_p를 구하시오.

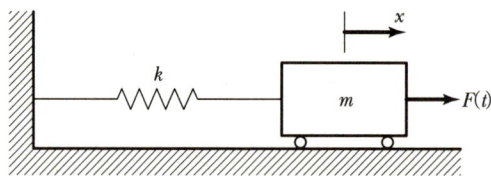

해설
$$x_p = \frac{F(t)}{k-m\omega^2} = \frac{7\sin 3t}{(22-2\times 3^2)} = 1.75\sin 3t [\text{cm}]$$

예제문제 55

$\ddot{x}+6x=3\cos 2t$로 표시되는 비감쇠 강제진동에서 정상상태 진폭은?

㉮ 1 ㉯ 1.5 ㉰ 2 ㉱ 2.5

해설 $m\ddot{x}+kx=f_0\cos wt$, $m=1$, $k=6$, $f_0=3$
$$X=\frac{f_0}{k-mw^2}=\frac{3}{6-2^2}=\frac{3}{2}=1.5$$

예제문제 56

$W=98$[kg], $k=10$[kg/cm] 비감쇠진동계에서 $F=5$[kg]의 기진력을 갑자기 가할 시 최대 변위는?

해설
$$x_{\max}=\frac{2f_0}{k}=\frac{2\times 5}{10}=1[\text{cm}]$$

예제문제 57

w의 각속도로 회전하는 연삭기가 스프링으로 지지되어 있다. 기초에 전달되는 힘을 $\frac{1}{10}$로 줄이려면 이 진동계의 고유진동수를 얼마로 해야 하는가?

㉮ $\sqrt{\dfrac{w^2}{10}}$ ㉯ $\sqrt{\dfrac{w^2}{11}}$

㉰ $\sqrt{\dfrac{w^2}{12}}$ ㉱ $\sqrt{\dfrac{w^2}{13}}$

해설 $\dfrac{1}{|r^2-1|}=\dfrac{1}{10}$, $\gamma=\dfrac{w}{w_n}$, $w_n=\dfrac{w}{\gamma}=\sqrt{\dfrac{w^2}{11}}$

(2) 감쇠강제진동

질량 m에 기진력 $F(t)=f_0\sin wt$가 작용하는 질량-스프링계의 운동방정식은

$$m\ddot{x}+c\dot{x}+kx=F(t)=f_0\sin wt$$

1) 운동 방정식 : $m\ddot{x}+c\dot{x}+kx=F(t)=f_0\sin wt$

2) 정상상태 변위 : $x=X\sin(wt-\phi)$

3) 정상상태 진폭 : $X=\dfrac{f_0}{\sqrt{(k-mw^2)^2+(cw)^2}}$

4) 정상상태 위상각 : $\phi=\tan^{-1}\dfrac{cw}{k-mw^2}$

5) 진폭비 : $\mu=\dfrac{kX}{f_0}=\dfrac{1}{\sqrt{(1-\gamma^2)^2+(2\varphi\gamma)^2}}$

6) 최대진폭

① 최대진폭이 생기는 진동수의 비 : $\gamma_p=\dfrac{w}{w_n}=\sqrt{1-2\varphi^2}$

② 최대진폭 : $X_p=\dfrac{f_0/k}{2\varphi\sqrt{1-\varphi^2}}$

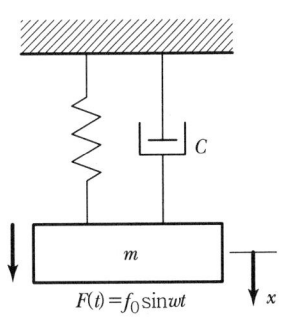

③ 최대진폭의 위상각 : $\phi_p = \tan^{-1} \dfrac{\sqrt{1-2\varphi^2}}{\varphi}$

7) 공진

① 공진 각진동수 : $w = w_n \sqrt{\dfrac{k}{m}}$

② 공진진폭 : $X_n = \dfrac{f_0}{cw_n} = \dfrac{f_0}{2\varphi k}$

감쇄비 $\phi = \dfrac{f_0}{2kx_n}$

③ 공진위상각 : $\phi_n = 90°$에서 발생한다.

여기서 $\phi \ll 1$인 경우 $X_p \approx X_n$이므로 $\phi_n = \tan^{-1} \dfrac{ncw}{k - m(nw)^2}$

• 강제진동 : 외력 변화의 진동수와 동일한 진동수의 진동을 말한다.

 예제문제 58

감쇠강제 진동에서 공진위상각은 몇 도인가?

㉮ 0° ㉯ 30° ㉰ 60° ㉱ 90°

해설 공진위상각은 ϕ가 90°에서 발생한다.

 예제문제 59

질량 870kg의 기계가 전체 용수철의 강성도 35.433kg/mm인 용수철 위에 지지되어 있다. 크기 45kg의 조화 기진력이 기계에 작용한다. 다음을 계산하시오.(단, 점성 감쇠계수는 0.69kg·s/m이다.)

① 공진진동수를 구하시오.
② 공진진폭을 구하시오.

해설 ① $f = \dfrac{\omega}{2\pi} = \dfrac{1}{2\pi} \times \sqrt{\dfrac{k}{m}} = \dfrac{1}{2\pi} \times \sqrt{\dfrac{35.433 \times 10^3}{870}} = 0.03212$ cps

② $x_n = \dfrac{F}{C\omega_n} = \dfrac{45}{0.69 \times 2\pi \times 0.03212} = 323$ m

예제문제 60

무게가 2kg인 기계부품의 크기가 2.7kg인 조화기진력을 받을 때 공진진폭이 1.25cm로 측정되었다면 감쇠비 ϕ는 얼마인가? (단, 공진진동수는 5Hz이다.)

해설 $f_n = \dfrac{1}{2\pi}\sqrt{\dfrac{k}{m}} = 5$ 에서 $k = m(10\pi)^2 = \dfrac{2}{980} \times (10\pi)^2 = 2.01\,\text{kg/cm}$

결국, $\phi = \dfrac{f_0}{2kX_n} = \dfrac{2.7}{2 \times 12.5 k} = \dfrac{2.7}{2.5 k} = \dfrac{2.7}{2.5 \times 2.01} = 0.537$

 예제문제 61

그림과 같이 스프링에 단 추에 중력 및 탄력 외에 주기적인 힘 $P\sin wt$가 작용하는 1자유도계 강제진동의 운동방정식은?

㉮ $\dfrac{W}{g}\ddot{x} = -kx - P\sin wt$

㉯ $\dfrac{W}{g}\ddot{x} = -kx + P\sin wt$

㉰ $\dfrac{W}{g}\ddot{x} = -kx$

㉱ $\dfrac{W}{g}\ddot{x} = kx + P\sin wt$

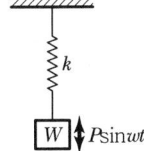

해설 $m\ddot{x} + kx = P\sin wt$

$\dfrac{W}{g} = -kx + P\sin wt$

9. 진동절연과 진동측정

(1) 전달률과 진동절연

1) 힘 전달률

① 기초에 전달되는 최대 힘

$$F_{TR} = \sqrt{(kx)^2 + (cwX)^2}$$

여기서, $X = \dfrac{f_0}{\sqrt{(k-mw^2)^2 + (cw)^2}}$

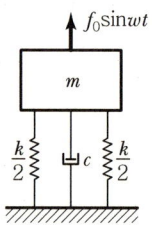

② 힘전달률 TR

$$TR = \dfrac{\text{최대전달력}}{\text{기진력의 최대값}} = \dfrac{F_{TR}}{f_0} = \dfrac{\sqrt{(kX)^2 + (cwX)^2}}{\sqrt{(k-mw^2)^2 + (cw)^2}}$$

$$= \dfrac{\sqrt{1 + (2\phi\gamma)^2}}{\sqrt{(1-\gamma^2)^2 + (2\phi\gamma)^2}}$$

③ 감쇠계수 c가 무시되는 경우의 힘 전달률 $TR = \left| \dfrac{1}{1-\gamma^2} \right|$

④ 진동전달률 TR을 줄이기 위한 방법
  ㉮ $\gamma > \sqrt{2}$ 인 경우 : ϕ를 감소시킴
  ㉯ $\gamma < \sqrt{2}$ 인 경우 : ϕ를 증가시킴

2) 운동전달률

$$TR = \dfrac{\text{물체의 진폭}}{\text{지지대의 진폭}} = \dfrac{X}{Y} = \dfrac{\sqrt{1 + (2\phi\gamma)^2}}{\sqrt{(1-\gamma^2)^2 + (2\phi\gamma)^2}}$$

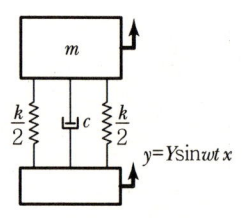

3) 진동절연

진동의 전달을 차단하는 것을 말한다.
탄성을 갖는 스프링, 고무, 코르크 등이 사용된다.

(2) 진동측정

1) 지진계

① 운동방정식

$$m\ddot{x} + c(\dot{x}-y) + k(x-y) = 0$$
$$m\ddot{z} + c\dot{z} + kz = -m\ddot{y} = mw^2 Y \sin wt$$

여기서, $Z = x - y$ (상대변위이다.)

② 진폭비와 위상각

㉮ 진폭비 : $\dfrac{Z}{Y} = \dfrac{\gamma^2}{\sqrt{(1-\gamma^2)^2 + (2\phi\gamma)^2}}$

㉯ 위상각 : $\varphi = \tan^{-1}\dfrac{2\phi\gamma}{1-\gamma^2}$ 이다.

여기서, $\gamma \gg 1$일 때는 변위-진동의 변위를 측정하는 진동계

$\gamma \ll 1$일 때는 가속도의 $\dfrac{1}{w_m^2}$ 배 - 가속도계

$\gamma = 1$일 때는 속도의 $\dfrac{C_c}{2Cw_m}$ 배 - 속도계

2) 진동계

진동변위를 측정하는 기구

$\dfrac{Z}{Y}$ 즉, $Z \fallingdotseq Y$

고유진동수는 측정할 진동의 진동수보다 훨씬 적다.

3) 가속도계

$$w_n^2 Z = w^2 Y$$

고유진동수는 측정할 진동의 진동수보다 훨씬 크다.

예제문제 62

고유진동수가 3CPS인 진동계를 사용하여 진동수가 30CPS인 어떤 기계의 진동을 측정하였더니 진동계의 전자변위가 0.1cm였다. 기계의 최대변위, 최대속도, 최대가속도를 각각 구하시오.

해설

$$\gamma = \frac{w}{w_n} = \frac{30}{3} = 10 \text{이므로}$$

$$\frac{Z}{Y} = \frac{\gamma^2}{\gamma^2 - 1} = \frac{100}{99} \fallingdotseq 1$$

따라서

- 최대변위 $Y = Z = 0.1\text{cm}$ $w = 2\pi f$
- 최대속도 $wY = 2\pi \times 30 \times 0.1 \times 10^{-2} = 0.1884 \text{m/sec}$
- 최대가속도 $w^2 Y = (2\pi \times 30)^2 \times 0.1 \times 10^{-2} = 35.5 \text{m/sec}^2$

10. 과도진동

(1) 비감쇠 과도진동

1) 갑자기 가해진 기진력

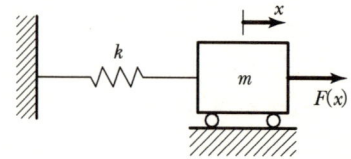

$m\ddot{x} + kx = f_0$ 에서 $x = A\cos\omega_n t + B\sin\omega_n t + \dfrac{f_0}{k}$ 이다.

$x = 0$ 이고 $x(o) = 0$ 이므로

$$x = -\frac{f_0}{k}\cos\omega_n t + \frac{f_0}{k} = \frac{f_0}{k}(1 - \cos\omega_n t)$$

또한 고유각진동수 $\omega_n = \sqrt{\dfrac{k}{m}}$ 이다.

2) 갑자기 가해진 기진 변위

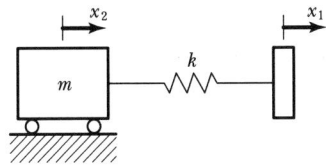

상대변위 $x = x_1 - x_2$

운동방정식 : $m\ddot{x} + kx = f_0$

$x_1 = v = $ 일정시는 $x_1 = \dfrac{v}{\omega_n}(\omega_n t - \sin \omega_n t)$

$x_1 = a = $ 일정시는 $x_2 = \dfrac{1}{2}at^2 - \dfrac{ma}{k}(1 - \cos \omega_n t)$

(2) 감쇠 과도진동

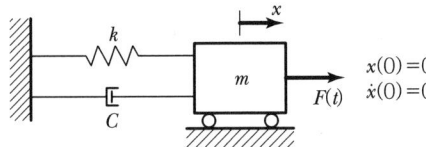

$$x = \int_0^1 f(\tau)g(t-\tau)d\tau$$

$$g(t) = \dfrac{e - \phi\omega_n t}{m\omega_n\sqrt{1-\phi^2}} \sin \omega_n \sqrt{1-\phi^2}\, t$$

예제문제 63

$W=98$, $k=10$kg/cm인 비감쇠 진동계에 $F=5$kg의 기진력이 갑자기 가해질 때에 최대 변위는 얼마인가?

해설 $X_{max} = \dfrac{2f_0}{k} = \dfrac{2 \times 5}{10} = 1$cm

예제문제 64

$\omega_n = 4$rad/sec, $\phi = \dfrac{1}{2}$인 감쇠 진동계에 상수인 기진력이 갑자기 가해질 때 과도진동의 변위가 최대가 될 때까지 걸리는 시간은 얼마인가?

해설 $t_1 = \dfrac{\pi}{\omega_n \sqrt{1-\phi^2}} = \dfrac{\pi}{4\sqrt{1-(\dfrac{1}{2})^2}} = 0.906$sec

11. 비틀림 진동

(1) 직선 진동계와 비틀림 진동계의 비교

직선 진동계		비틀림 진동계	
질량	m	관성모멘트	I
스프링 상수	k	비틀림 강성계수	k_t
감쇠계수	C	비틀림 감쇠계수	C_t
힘	f	토크	T
변위	x	각변위	θ
속도	$\dot{x}$	각속도	$\dot{\theta}$
가속도	$\ddot{x}$	각가속도	$\ddot{\theta}$
감쇠비	$\dfrac{C}{2\sqrt{mk}}$	감쇠비	$\dfrac{C_t}{2\sqrt{Ik_t}}$
고유각진동수	$\sqrt{\dfrac{k}{m}}$	고유각진동수	$\sqrt{\dfrac{k_t}{I}}$
위치에너지	$\dfrac{1}{2}kx^2$	위치에너지	$\dfrac{1}{2}k_t\theta^2$
운동에너지	$\dfrac{1}{2}m\dot{x}^2$	운동에너지	$\dfrac{1}{2}I\dot{\theta}^2$

(2) 비틀림 진동계의 고유진동수

비틀림 진동계	고유각진동수(ω_n)
	$\omega_n = \sqrt{\dfrac{k_t}{J}}$ $k_t = \dfrac{\pi d^4 G}{32l}$
	$\omega_n = \sqrt{\dfrac{\pi d_1^4 G}{32 J l_{eq}'}} = \sqrt{\dfrac{\pi d_2^4 G}{32 J l_{eq}''}}$ $l_{eq}' = l_1 + \left(\dfrac{d_1}{d_2}\right)^4 l_2$ $l_{eq}'' = l_2 + \left(\dfrac{d_2}{d_1}\right)^4 l_1$
	$\omega_n = \sqrt{\dfrac{k_t(J_1 + J_2)}{J_1 J_2}}$
	$\omega_n = \sqrt{\dfrac{k_{t_1} + k_{t_2}}{J}}$
	$\omega_n = \sqrt{\dfrac{k_t}{J}}$ $\dfrac{1}{k_t} = \dfrac{1}{k_{t_1}} + \dfrac{1}{n^2 k_{t_2}}$ $\dfrac{1}{J} = \dfrac{1}{J_1} + \dfrac{1}{n^2 J_2}$

예제문제 65

그림과 같은 비틀림계의 유효비틀림강성은 얼마인가?

㉮ $K_1 + K_2$ ㉯ $\dfrac{1}{K_1} + \dfrac{1}{K_2}$

㉰ $\dfrac{K_1 K_2}{K_1 + K_2}$ ㉱ $\dfrac{K_2}{K_1}$

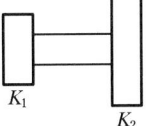

해답 ㉰

(3) 실진자(Filar Pendulum)

강체는 수평면 내에서 진동하도록 지지함으로써 실진자처럼 될 수가 있다.

지지하는 줄의 가닥수에 따라 2실진자, 3실진자, 4실진자가 있다.

실로 매달음으로써 질량관성모멘트를 구할 수 있다. 실진자의 진동수를 측정하면 질량관성모멘트를 편리하게 알 수 있는데 이 방법은 실용적으로 널리 사용되고 있다.

예제문제 66

그림의 가는 봉의 진동방정식을 구하고 고유진동수를 구하시오.

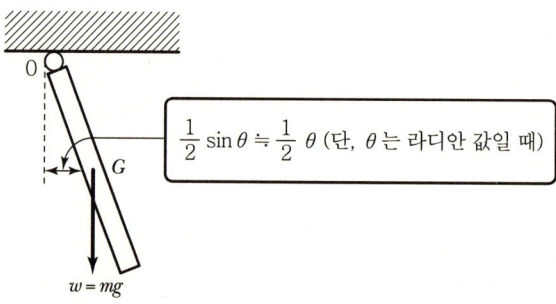

$\frac{1}{2}\sin\theta ≒ \frac{1}{2}\theta$ (단, θ는 라디안 값일 때)

해설 (0지점의 질량관성모멘트) J_0 = (도심 G의 질량관성모멘트) J_G + (질량×떨어진 거리²)

$$J_0 = J_G + m \times \left(\frac{1}{2}\right)^2 = \frac{ml^2}{12} + m \times \left(\frac{1}{2}\right)^2 = \frac{ml^2}{3}$$

$\Sigma M = J\ddot{\theta}$, (모멘트의 합) $\Sigma M = mg \times l\frac{\theta}{2}$

운동방정식 $m\frac{l^2}{3}\ddot{\theta} + mg \times l\frac{\theta}{2} = 0$

식을 정리하면

① 운동방정식 : $\ddot{\theta} + \frac{3g}{2l}\theta = 0$

② 고유진동수 : $f_n = \frac{\omega_n}{2\pi} = \frac{1}{2\pi}\sqrt{\frac{3g}{2l}}$

예제문제 67

다음 그림의 단진자 진동방정식을 구하시오.

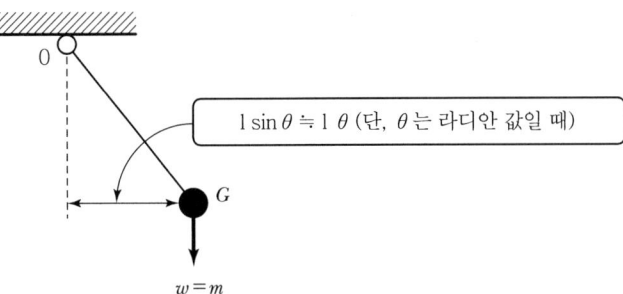

$l \sin\theta \fallingdotseq l\,\theta$ (단, θ는 라디안 값일 때)

해설 (0지점의 질량관성모멘트) J_0 = (도심 G의 질량관성모멘트) J_G + (질량×떨어진 거리²)

$J_0 = J_G + m \times l^2 = 0$(미소 값 무시) $+ m \times l^2 = ml^2$

$\Sigma M = J\ddot{\theta}$, (모멘트의 합) $\Sigma M = mg \times l\theta$

운동방정식 $ml^2 \ddot{\theta} + mg \times l\theta = 0$

식을 정리하면

① 운동방정식 : $\ddot{\theta} + \dfrac{g}{l}\theta = 0$

② 고유진동수 : $f_n = \dfrac{\omega_n}{2\pi} = \dfrac{1}{2\pi}\sqrt{\dfrac{g}{l}}$

예제문제 68

가느다란 철사에 매달린 원판이 분당 30사이클로 진동한다. 철사를 10° 비트는 데 1kg·cm의 토크가 필요하다면 원판의 관성모멘트는 얼마인가?

해설

$T = \dfrac{60}{30} = 2\sec$

$T = J\alpha = k\theta$

$k_t = \dfrac{1}{10 \times \dfrac{\pi}{180}} = 5.73 \text{kg} \cdot \text{cm/rad}$

$T = 2\pi\sqrt{\dfrac{J}{k_t}}$ 에서 $J = \dfrac{k_t T^2}{4\pi^2} = \dfrac{5.73 \times 2^2}{4 \times \pi^2} = 0.58 \text{kg} \cdot \text{cm} \cdot \sec^2$

예제문제 69

길이가 2*l*인 단진자의 주기는 길이가 *l*인 단진자의 주기의 몇 배인가?

㉮ $\dfrac{1}{2}$ ㉯ $\sqrt{2}$ ㉰ 3 ㉱ 6

해설

l인 길이 $T_1 = 2\pi\sqrt{\dfrac{l}{g}}$, $2l$인 길이 $T_2 = 2\pi\sqrt{\dfrac{2l}{g}}$

$T_1 : T_2 = 1 : \sqrt{2}$

12. 2자유도계 진동

(1) 운동방정식(Equation of Motion)
　　① 뉴턴의 운동 제2법칙(자유물체도 작도)
　　② Lagrange 방정식의 응용

(2) 진동수 방정식(Frequency Equation)
　　운동을 나타내는 일반좌표를 x_1, x_2라 하면 일반 방정식에서

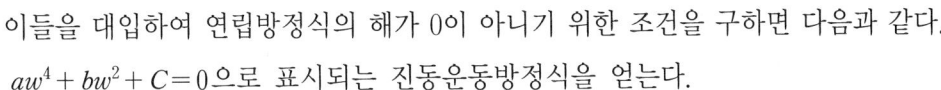

$$x_1 = A \sin(wt + \phi)$$

$$x_2 = B \sin(wt + \phi) 이므로$$

이들을 대입하여 연립방정식의 해가 0이 아니기 위한 조건을 구하면 다음과 같다. $aw^4 + bw^2 + C = 0$으로 표시되는 진동운동방정식을 얻는다.

(3) 고유진동수(Natual Frequency)
　　진동수방정식을 풀면 2개의 w값이 구해지는데 이 중에서 작은 값을 w_1, 큰 값을 w_2라 할 때 w_1을 제1고유각진동수, w_2을 제2고유각진동수라 한다.

(4) 진동형비(Modal Fraction)
　　각진동수에 대한 진폭비

$$m_1 \ddot{x}_1 + (k_1 + k_2)x_1 - k_2 x_2 = F \sin wt$$

$$m_2 \ddot{x}_2 + k_2 x_2 - k_1 x_1 = 0$$

$$x_1 = X_1 \sin wt, \quad x_2 = X_2 \sin wt$$

$$\begin{bmatrix} (k_1 + k_2) - m_1 w^2 & -k_2 \\ -k_2 & (k_2 - m_2 w^2) \end{bmatrix} \begin{bmatrix} x_1 \\ x_2 \end{bmatrix} = \begin{bmatrix} f \\ 0 \end{bmatrix}$$

cramer의 방법을 적용하여 해를 구하면

$$x_1 = \frac{\begin{vmatrix} (k_1+k_2)-m_1w^2 & f \\ -k_2 & 0 \end{vmatrix}}{\begin{vmatrix} (k_1+k_2)-m_1w^2 & -k_2 \\ -k_2 & (k_2-m_2w^2) \end{vmatrix}} = \frac{f(k_2-m_2w^2)}{(k_1+k_2-m_1w^2)(k_2-m_2w^2)-k_2^2}$$

$$x_2 = \frac{\begin{vmatrix} f & -k_2 \\ 0 & (k_2-m_2w^2) \end{vmatrix}}{\begin{vmatrix} (k_1+k_2)-m\cdot w^2 & -k_2 \\ (-k_2) & (k_2-m_2w^2) \end{vmatrix}} = \frac{k_2 f}{(k_1+k_2-m_1w^2)(k_2-m_2w^2)-k_2^2}$$

질량 m_1의 정상상태 진폭 $x_1=0$이 되려면 $k_2=m_2w^2$이어야 한다.

(5) 2자유도계 비감쇠 운동

질량 m_1과 m_2인 물체를 k_1, k_2, k_3 스프링으로 연결된 다음 그림과 같은 2자유도 스프링 진동계를 생각하여 보자. m_1과 m_2인 물체가 각각 x_1과 x_2로 변위할 때 운동방정식을 세우면 각각 다음과 같이 결정된다.

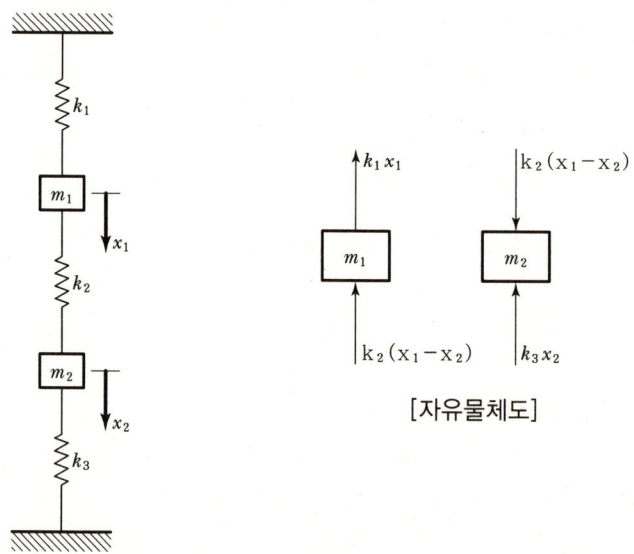

[자유물체도]

① 자유물체도로부터 $\Sigma F = ma$에 대해

$$m_1\ddot{x}_1 = -k_1x_1 - k_2(x_1 - x_2)$$

$$m_1\ddot{x}_2 = -k_3x_2 + k_2(x_1 - x_2) \quad \cdots\cdots\cdots\cdots\cdots\cdots\cdots\cdots\cdots\cdots\cdots\cdots (1)$$

② $x_1 = A\sin(\omega t + \phi)$, $x_2 = B\sin(\omega t + \phi)$라 놓고 이를 식(1)에 대입하면

$$(k_1 + k_2 - m_1\omega^2)A - k_2B = 0$$

$$-k_2A + (k_2 + k_3 - m_2\omega^2)B = 0 \quad \cdots\cdots\cdots\cdots\cdots\cdots\cdots\cdots\cdots (2)$$

이 연립방정식의 해를 얻기 위한 조건은

$$\Delta = \begin{vmatrix} (k_1 + k_2 - m_1w^2) & -k_2 \\ -k_2 & (k_2 + k_3 - m_2w^2) \end{vmatrix} = 0$$

$$m_1m_2\omega^4 - [m_1(k_2 + k_3) + m_2(k_1 + k_2)\omega^2 + k_1k_2 + k_2k_3 + k_1k_3] = 0$$

$$\omega^4 - \left[\frac{k_1 + k_2}{m_1} + \frac{k_2 + k_3}{m_2}\right]\omega^2 + \frac{k_1k_2 + k_2k_3 + k_1k_3}{m_1m_2} = 0 \quad \cdots\cdots\cdots (3)$$

③ 1차 진동형비 $\dfrac{A_1}{B_1} = \dfrac{k_2 + k_3 - m_2\omega_1^2}{k_2} = \dfrac{k_2}{k_1 + k_2 - m_1\omega_1^2}$

2차 진동형비 $\dfrac{A_2}{B_2} = \dfrac{k_2 + k_3 - m_2\omega_2^2}{k_2} = \dfrac{k_2}{k_1 + k_2 - m_1\omega_2^2} \quad \cdots\cdots\cdots\cdots (4)$

예제문제 70

다음 설명 중 맞는 것은?

㉮ 다자유도계란 감쇠성분을 반드시 두 개 이상 가지고 있어야만 한다.
㉯ 외팔보의 끝단에 추가 매달려 있는 경우에는 무조건 다자유도계로 해석해야 한다.
㉰ 모든 구조물은 다자유도계로 구성되어 있으나 경우에 따라서는 1자유도계로 단순화할 수 있다.
㉱ 스프링에 추가직렬로 두 개 연결되어 있는 경우에 1자유도계로 해석한다.

해답 ㉰

동역학

13. 탄성체의 진동

(1) 보의 세로진동

1) 진동방정식

$$\frac{\partial^2 u}{\partial t^2} = a^2 \frac{\partial^2 u}{\partial x^2}$$

임의 단면의 변위를 u라 하면

$$a^2 = \frac{Eg}{\gamma} = \frac{E}{\rho}$$

여기서, a : 전파속도, γ : 비중량, ρ : 밀도, E : 세로탄성계수

$$u(x,\ t) = \sum_i (A_i \cos w_i t + b_i \sin w_i t)\left(C_i \cos \frac{w_i x}{a} + D_i \sin \frac{w_i x}{a}\right)$$

w_i는 계의 고유각진동수이며, 경계조건에 의해서 $\frac{w_i}{a}\lambda_i$을 얻는다.

2) 고유진동수

$$w = \frac{\lambda}{l} a = \frac{\lambda}{l}\sqrt{\frac{E}{\rho}}$$

3) 진동수방정식

① 양단자유

경계조건 $\left(\frac{u}{x}\right)_{x=0} = \left(\frac{u}{x}\right)_{x=1} = 0$

$$\frac{u}{x} = \sum (A_i \cos w_i t + B_i \sin w_i t)\left(-\frac{w_i}{a} + C_i \sin \frac{w_i}{a}x + \frac{w_i}{a}D_i \cos \frac{w_i}{a}x\right)$$

$D_i = 0$

$$\sin\left(\frac{w_i}{a}\right)l = 0\ (\text{진동수방정식})$$

단, $\lambda_i = \frac{w_i}{a}\ l = \pi,\ 2\pi,\ 3\pi,\ 4\pi,\ \cdots\cdots$

② 일단고정, 타단자유

경계조건 $u_{x=0} = 0$, $\left(\frac{u}{x}\right)_{x=1} = 0$, $C_i = 0$

162

$$\cos\left(\frac{w_i}{a}l\right) = 0 \text{ (진동수방정식)}$$

단, $\lambda_i = \dfrac{w_i}{a} l = \dfrac{\pi}{2}, \dfrac{3\pi}{2}, \dfrac{5\pi}{2}, \cdots\cdots$

③ 양단회전

경계조건 $u_{x=0} = 0$, $u_{x=1} = 0$, $C_i = 0$

$$\sin\left(\frac{w_i}{a}l\right) = 0$$

단, $\lambda_i = \dfrac{w_i}{a} l = \pi, 2\pi, 3\pi \cdots\cdots$

예제문제 71

탄성계수 $E = 2.1 \times 10^6 [\text{kg/cm}^2]$, 비중량 $7.8[\text{g/cm}^3]$인 강봉의 종진동 파동속도를 구하시오.

해설 봉의 종진동시 파동속도(전달속도)

$$C = \sqrt{\frac{E}{\rho}} = \sqrt{\frac{980 \times 2.1 \times 10^6}{7.8}} = 16,243.34 [\text{cm/sec}]$$

(2) 보의 가로진동

단순보의 가로진동의 기본진동수는 다음과 같다.

$$\frac{\partial^2 y}{\partial t^2} + a^2 \frac{\partial^4 y}{\partial x^2} = 0$$

1) 단일집중하중이 작용하는 경우

$$w = \sqrt{\frac{g}{\delta}} = \sqrt{\frac{cEI}{ml^3}}$$

단, 하중의 처짐량 $\delta = \dfrac{Wl^3}{cEI}$ (cm)

$$N = \frac{60}{2\pi}\sqrt{\frac{g}{\delta}} = \frac{299}{\sqrt{\delta}} [\text{rpm}]$$

(3) 현의 진동

1) 방정식을 유도하기 위한 가정

① 현의 휨량은 미소하다.

② 현의 휨에 따라 현에 작용하는 장력의 변화는 없다.

미소요소 dx에 작용하는 장력 T에 의한 y방향의 정미 힘을 구하면 다음과 같이 정리된다.

$$T\left(\theta + \frac{\partial \theta}{\partial x}dx\right) - T\theta = \rho dx\left(\frac{\partial^2 y}{\partial t^2}\right)$$

따라서, $\left(\frac{\partial^2 y}{\partial t^2}\right) = \left(\frac{T}{\rho}\right)\left(\frac{\partial^2 y}{\partial t^2}\right)$

이 방정식은 현의 운동방정식을 푸는 미분방정식이고 여기서 현의 전달속도 C는 다음과 같이 놓을 수 있다.

$$C = \sqrt{\frac{T}{\rho}}, \qquad \omega = \frac{\lambda}{l}\sqrt{\frac{T}{\rho}}, \qquad f = \frac{1}{2\pi}\frac{\lambda}{l}\sqrt{\frac{T}{\rho}}$$

예제문제 72

단위길이 당질량 ρ, 길이 l인 줄의 장력 T로 팽팽히 당겨져 양끝이 고정되어 있다. 이 줄의 기본진동수는 몇 Hz인가?

㉮ $\dfrac{1}{l}\sqrt{\dfrac{T}{\rho}}$ ㉯ $\dfrac{1}{2l}\sqrt{\dfrac{T}{\rho}}$

㉰ $\dfrac{1}{3l}\sqrt{\dfrac{T}{\rho}}$ ㉱ $\dfrac{1}{4l}\sqrt{\dfrac{T}{\rho}}$

해설 $\lambda = \dfrac{\pi}{2}$, $f = \dfrac{1}{2\pi}\dfrac{\pi}{2l}\sqrt{\dfrac{T}{\rho}} = \dfrac{1}{4l}\sqrt{\dfrac{T}{\rho}}$

(4) 여러 개의 집중하중이 작용하는 경우

1) 에너지법에 의한 레일리히 방정식

진동 중의 보의 처짐과 보에 생기는 위치에너지의 조합은 일정하다.

즉, $w_n = \sqrt{\dfrac{g(W_1 y_1 + W_2 y_2 + \cdots\cdots + W_r y_r)}{W_1 y_1^2 + W_2 y_2^2 + \cdots\cdots + W_r y_r^2}} = \sqrt{\dfrac{g \sum W_r y_r}{\sum W_r y_r^2}}$

w_n : 보의 고유진동수
W_1, W_2, W_3 : 각 점의 하중
y_1, y_2, y_r : 각 하중점의 정직처럼

2) 던커레이의 실험공식

$$\frac{1}{w_n^2} = \frac{1}{w_0^2} + \frac{1}{w_1^2} + \frac{1}{w_2^2} + \cdots\cdots + \frac{1}{w_r^2}$$

$$\frac{1}{n^2} = \frac{1}{n_0^2} + \frac{1}{n_1^2} + \frac{1}{n_2^2} + \cdots\cdots \frac{1}{n_r^2}$$

여기서 w_r는 각 1개의 집중하중 W_r만이 작용할 때의 고유진동수이고 w_0는 자중에 의한 고유진동이다.

또 n_r는 각 1개의 집중하중 W_r만이 작용할 때의 회전수이고 n_0는 축자 중에 의한 회전수이다.

3) 고유진동수

$w_i = \dfrac{\lambda_i^2}{l^2}$, $a = \dfrac{\lambda_i^2}{l^2}\sqrt{\dfrac{EI}{\rho A}}$ 단, $\lambda_i = k_i l$

예제문제 73

단위길이당 질량이 ρ인 줄에 장력 T가 작용하고 있다. 이 줄이 길이 방향에 직각인 방향으로 진동할 때 운동방정식은 $\dfrac{\partial^2 v}{\partial x^2} = \dfrac{1}{c^2}\dfrac{\partial^2 y}{\partial t^2}$ 로 표시된다. 파형의 전파속도를 c를 나타내는 식은?(단, x : 줄의 위치를 나타내는 좌표, y : 수직방향의 변위, c : 파의 전파속도)

㉮ $\sqrt{\dfrac{\rho}{T}}$ ㉯ $\sqrt{\dfrac{T}{\rho}}$ ㉰ $\dfrac{\rho}{T}$ ㉱ $\dfrac{T}{\rho}$

해설 $C = \sqrt{\dfrac{T}{\rho}}$ (단, ρ : 단위길이당 질량, T : 줄의 장력)

예제문제 74

막대가 길이방향으로 가늘고 균일하다고 가정한다. 이때 막대의 종진동(Longitudinal Vibration)은 $\dfrac{\partial^2 u}{\partial x^2} = \dfrac{1}{c^2}\dfrac{\partial^2 u}{\partial t^2}$ 로 나타낼 수 있다. 이때 C^2의 값은?(단, E : 탄성계수, ρ : 밀도, G : 전탄성계수)

㉮ $\dfrac{E}{\rho}$ ㉯ $\dfrac{EG}{\rho}$ ㉰ $\dfrac{\rho}{E}$ ㉱ $\dfrac{\rho}{G}$

해설 음속 $C = \sqrt{\dfrac{E}{\rho}}$ 에서 $C^2 = \dfrac{E}{\rho}$

균일한 외팔보(Cantilever)의 끝에 집중질량이 작용할 때 자중에 의한 고유진동수를 f, 집중질량만 고려한 고유진동수를 $\frac{1}{3}f$라 할 때 이 보의 고유진동수는 얼마인가?

㉮ $\dfrac{f}{\sqrt{3}}$ ㉯ $\sqrt{3}\,f$ ㉰ $\sqrt{10}\,f$ ㉱ $\dfrac{f}{\sqrt{10}}$

해설 $\dfrac{1}{f_n^2} = \dfrac{1}{f^2} + \left(\dfrac{3}{f}\right)^2 = \dfrac{10}{f^2}$, $f_n = \dfrac{f}{\sqrt{10}}$

동역학

연습문제

01. 질량 m인 물체를 지지하는 스프링 $k_1 k_2$가 직렬로 연결되어 있을 경우 고유진동수는 어느 것인가?

㉮ $f_n = \dfrac{k_1+k_2}{m}\sqrt{\dfrac{1}{2\pi}}$

㉯ $f_n = \dfrac{1}{2\pi}\sqrt{\dfrac{k_1+k_2}{m}}$

㉰ $f_n = \dfrac{1}{2\pi}\sqrt{\dfrac{k_1 k_2}{m(k_1+k_2)}}$

㉱ $f_n = \sqrt{\dfrac{k_1+k_2}{m}}$

Guide

01.
$k = \dfrac{k_1 \cdot k_2}{k_1+k_2}$

$f_n = \dfrac{1}{2\pi}\sqrt{\dfrac{k}{m}} = \dfrac{1}{2\pi}\sqrt{\dfrac{k_1 k_2}{m(k_1+k_2)}}$

02. 다음과 같은 계의 등가 스프링 상수는 어떤 것인가?

㉮ $\dfrac{2k_1 k_2}{k_1+2k_2}$

㉯ $\dfrac{2k_1 k_2}{2k_1+k_2}$

㉰ $\dfrac{k_1+2k_2}{2k_1 k_2}$

㉱ $\dfrac{k_1 k_2}{2k_1+k_2}$

02.
$\dfrac{1}{k} = \dfrac{1}{k_1} + \dfrac{1}{k_2+k_2}$

$\dfrac{1}{k} = \dfrac{2k_2+k_1}{k_1 2k_2} \Rightarrow k = \dfrac{2k_1 \cdot k_2}{k_1+2k_2}$

03. 감쇠가 없는 경우에 전달률의 값은 다음 중 어느 것인가?
(단, $\gamma = \dfrac{\omega}{\omega_n}$ 이다.)

㉮ $\dfrac{1}{1-\gamma}$

㉯ $\dfrac{1}{\sqrt{1-\gamma^2}}$

㉰ $\dfrac{\gamma}{\sqrt{1-\gamma^2}}$

㉱ $\dfrac{1}{1-\gamma^2}$

03.
진동수비 $\gamma = \dfrac{\omega}{\omega_n}$: 진폭비 :

전달률 $= \dfrac{1}{1-\gamma^2}$

해답 1. ㉰ 2. ㉮ 3. ㉱

04. 변위 $x = 4\sin\left(4\pi t + \dfrac{\pi}{6}\right)$로 표시되는 조화 진동의 진동수는 얼마인가?

㉮ 0.5　　㉯ 1　　㉰ 2　　㉱ 4

04.
각 진동수 $\omega = 4\pi$이고,
진동수 $f = \dfrac{\omega}{2\pi} = \dfrac{4\pi}{2\pi} = 2$

05. 다음 그림과 같이 질량이 m인 rod의 A점에 관한 관성 모멘트를 나타내는 식은?

㉮ ml^2
㉯ $\dfrac{1}{2}ml^2$
㉰ $\dfrac{1}{3}ml^2$
㉱ $\dfrac{1}{4}ml^2$

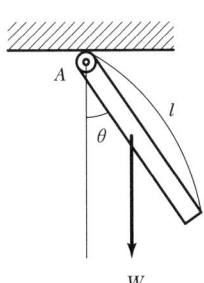

05.
$J\ddot\theta + \omega\dfrac{l}{2}\sin\theta = 0$
$J\ddot\theta + \omega\cdot\dfrac{l}{2}\sin\theta = 0$
$J = \dfrac{1}{3}ml^2$
$\therefore \ddot\theta + \dfrac{3g}{2l}\theta = 0 \quad \omega_n = \sqrt{\dfrac{3g}{2l}}$

06. 다음 1자유도 회전계의 고유진동수 ω_n은 얼마인가? (축의 횡탄성계수 G, 축의 종탄성계수 E이다.)

㉮ $\sqrt{\dfrac{\pi d^4 G}{32LJ}}$
㉯ $\sqrt{\dfrac{\pi d^4 E}{32LJ}}$
㉰ $\sqrt{\dfrac{\pi d^2 E}{4L}}$
㉱ $\sqrt{\dfrac{16\pi d^4 G}{LJ}}$

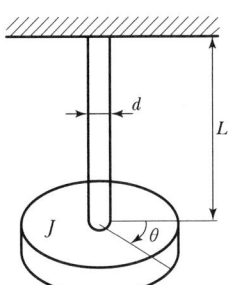

06.
$\omega_n = \sqrt{\dfrac{k}{J}} = \sqrt{\dfrac{\pi d^4 \cdot G}{32 lJ}} = \dfrac{\pi d g^4 G}{4\omega D^2 l}$

07. 다음과 같은 경계조건을 갖는 보에 대해 1차 공진 주파수가 가장 낮은 것은?

㉮ 고정-자유　　㉯ 자유-자유
㉰ 고정-고정　　㉱ 고정-힌지

07.
양단 고정 보가 공진주파수가 가장 낮으므로 공진 시 가장 위험하다.

해답 4. ㉰ 5. ㉰ 6. ㉮ 7. ㉰

동역학

08. 지름이 3cm이고 길이가 1m인 축의 양단이 베어링에 의해 지지되고 있다. 축 중앙에 무게가 20kg$_f$인 임펠라(Impeller)가 부착되었을 때 축의 위험속도를 구하면 몇 rpm인가? (단, 축의 탄성계수 $E=2.1\times10^6$kg$_f$/cm²이다.)

㉮ 42.7 　㉯ 140 　㉰ 873 　㉱ 1337

08.
$N_c = \dfrac{30}{\pi}\sqrt{\dfrac{g}{\delta}} = 1337\,\text{rpm}$

여기서, $\delta = \dfrac{Pl^3}{48EI}$

09. 속도에 비례하는 점성감쇠가 있는 강제진동의 운동방정식은?

㉮ $m\dot{x} + c\dot{x} + kx = P\sin\omega t$
㉯ $m\ddot{x} + c\dot{x} + kx = P\sin\omega t$
㉰ $m\ddot{x} + c\ddot{x} + kx = P\sin\omega t$
㉱ $mx + c\dot{x} + k\dot{x} = P\sin\omega t$

10. 단순조화운동을 하는 물체의 최대 속도 및 최대 가속도가 각각 0.5m/s², 2.0m/s²이다. 속도가 0.25m/s일 때의 가속도 크기는 몇 m/s²인가?

㉮ −4.218 　㉯ −3.701
㉰ −1.732 　㉱ −2.426

10.
$V_{\max} = wx = 0.5$
$a_{\max} = w^2 x = 2$
$w = \dfrac{w^2 x}{wx} = \dfrac{2}{0.5} = 4$
$V = wx\cos\theta = 0.25$
$\theta = 60°$
$a = w^2 x \sin(60+180)$
$= 2\sin(60+180)$
$= -1.732$

11. 다음 시스템의 고유진동수는 몇 rad/s인가?

㉮ 10x
㉯ 50
㉰ 100
㉱ 200

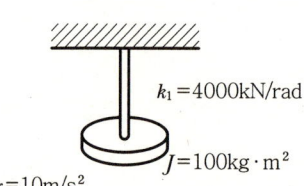

11.
$J\ddot{\theta} + k\theta = 0$
$\omega_n = \sqrt{k/J} = \sqrt{\dfrac{4000\times10^3}{100}}$
$= 200\,\text{rad/sec}$

해답 8. ㉱ 9. ㉯ 10. ㉰ 11. ㉱

연습문제

12. 그림(a)를 그림(b)와 같이 모형화했을 때 성립되는 관계식은?

㉮ $k = k_1 + k_2$

㉯ $k = k_1 + \dfrac{1}{k_2}$

㉰ $\dfrac{1}{k} = \dfrac{1}{k_1} + \dfrac{1}{k_2}$

㉱ $k = \dfrac{1}{k_1} + \dfrac{1}{k_2}$

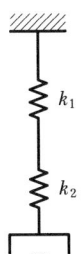

(a)　　(b)

12.
$$\dfrac{1}{k} = \dfrac{1}{k_1} + \dfrac{1}{k_2}$$
또는 $k = \dfrac{k_1 \cdot k_2}{k_1 + k_2}$

13. 그림과 같은 진동계에서 정적 신장량(Static Deflection)이 4.9cm이면 진동주기는?

㉮ 0.222초

㉯ 0.444초

㉰ 2.25초

㉱ 14.14초

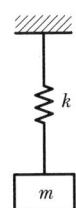

13.
$$f = \dfrac{W_n}{2\pi} = \dfrac{1}{2\pi}\sqrt{\dfrac{k}{m}}$$
$$\therefore t = \dfrac{1}{8} = \dfrac{2\pi}{\omega_n} = \dfrac{2\pi}{\sqrt{\dfrac{980}{4.9}}}$$
$$= 0.444초$$

14. 진동절연의 설명 중 맞는 것은?

㉮ 공진을 피한다.

㉯ 진동을 없앤다.

㉰ 진동을 차단한다.

㉱ 휴진기로 진동을 감소시킨다.

14.
진동절연이라는 것은 진동전달의 차단을 의미한다.

15. 그림과 같이 스프링, 질량, 풀리로 이루어진 계의 고유 진동수를 바르게 나타낸 것은?(단, 질량은 m, 스프링의 스프링정수는 k, 풀리의 자중과 마찰력은 무시한다.)

㉮ $f_n = (1/4\pi)\sqrt{k/m}$

㉯ $f_n = (1/2\pi)\sqrt{k/m}$

㉰ $f_n = (1/4\pi)\sqrt{k/2m}$

㉱ $f_n = (1/2\pi)\sqrt{k/2m}$

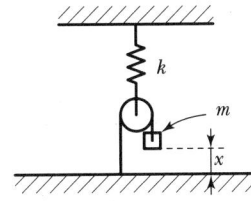

15.
풀리의 자중을 무시하고 평형방정식을 세우면

운동에너지: $\dfrac{1}{2}mv^2 = \dfrac{1}{2}m \cdot x^2$

탄성에너지: $\dfrac{1}{2}k\left(\dfrac{x}{2}\right)^2$

$\therefore \dfrac{1}{2}m \cdot x^2 = \dfrac{1}{2}k\dfrac{x^2}{4}$

$m \cdot x^2 = \dfrac{kx^2}{4}$　$(V = \dot{x} = x \cdot \omega_n)$

$\therefore m \cdot x^2\omega^2 = \dfrac{kx^2}{4}$　$\omega_n^x = \dfrac{k}{4m}$

$\omega_n = \sqrt{\dfrac{k}{4m}}$

$\therefore f_n = \dfrac{1}{2\pi}\sqrt{\dfrac{k}{4m}} = \dfrac{1}{4\pi}\sqrt{\dfrac{k}{m}}$

해답 12. ㉰　13. ㉯　14. ㉰　15. ㉮

동역학

16. 질량-스프링 계에서 갑자기 가해진 하중으로 인해 생긴 최대진폭은 정적으로 가해진 동일크기의 하중에 비하여 몇 배가 되는가?

㉮ 1/2　　㉯ 1　　㉰ 2　　㉱ 4

16.
충격하중의 진폭은 정적진폭의 2배 이상이다.

17. 양 끝단이 베어링에 의해 지지된 축에 기어가 달려 있을 때 기어 위치에서 축의 처짐이 0.05cm였다면 이 축의 위험속도는 몇 rpm인가?

㉮ 1337　　㉯ 1586　　㉰ 1890　　㉱ 2048

17.
$N_c = 300\sqrt{\dfrac{1}{\delta}} = 300\sqrt{\dfrac{1}{0.05}}$

18. 관성 모멘트가 J_1인 원판을 축에 매달아 비틀림 진동을 시켰더니 주기가 4초였다. 같은 축에 어떤 물체를 달아 진동을 시켰더니 주기가 16초로 측정되었다면 이 물체의 관성모멘트 J_2는 J_1의 몇인가?

㉮ 4　　㉯ 8　　㉰ 16　　㉱ 22

18.
$f = \dfrac{1}{2\pi}\sqrt{\dfrac{k}{J}}$　　∴ $t \propto \sqrt{J}$
$4 \propto \sqrt{J_1}$, $16 \propto \sqrt{J_2}$, ∴ $\dfrac{J_2}{J_1} = 16$

19. 감쇠가 없는 1자유도 진동계에서 전달률을 바르게 나타낸 것은? (단, γ는 진동수비이다.)

㉮ $\dfrac{1}{1-\gamma}$　　㉯ $\dfrac{1}{1-\gamma^2}$

㉰ $\dfrac{\gamma}{1-\gamma^2}$　　㉱ $\dfrac{\gamma}{\sqrt{1-\gamma^2}}$

19.
전달률(진폭비) $= \dfrac{1}{1-\gamma^2}$
여기서, $\gamma = \dfrac{\omega}{\omega_n}$: 진동수비

20. 그림과 같은 일단고정보(외팔보)에서 질량 m이 상하진동 시 등가스프링 상수는?(EI : 외팔보의 굽힘강성)

㉮ $\dfrac{EI}{l^3}$

㉯ $\dfrac{2EI}{l^3}$

㉰ $\dfrac{3EI}{l^3}$

㉱ $\dfrac{4EI}{l^3}$

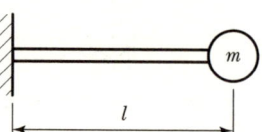

20.
$P = k \cdot \delta = k \times \dfrac{Pl^3}{3EI}$
∴ $k = \dfrac{3EI}{l^3}$

해답 16. ㉰　17. ㉮　18. ㉰　19. ㉯　20. ㉰

연습문제

21. 코일스프링에 추를 다니까 3cm늘어났다면 추에 의한 진동의 주기는 얼마인가?

㉮ $T = 0.347$ ㉯ $T = 0.578$
㉰ $T = 0.675$ ㉱
   $T = 0.866$

21.
$W = K\delta = 3 \times K$
$T = 2\pi\sqrt{\dfrac{W}{gk}} = 2\pi\sqrt{\dfrac{3}{g}}$
$= 2\pi\sqrt{\dfrac{3}{g}} = 2 \times \pi \times 0.0053$
$= 0.347 \dfrac{1}{s}$

22. 질량 m, 반지름 r인 원통이 스프링 상수 k에 그림과 같이 연결되어 있다. 미끄럼 없이 구른다면 고유진동수는 얼마인가? (단, 원통의 관성 모멘트)

㉮ $\sqrt{\dfrac{3m}{2k}}$
㉯ $\sqrt{\dfrac{2k}{3m}}$
㉰ $\dfrac{3m}{2k}$
㉱ $\dfrac{2k}{3m}$

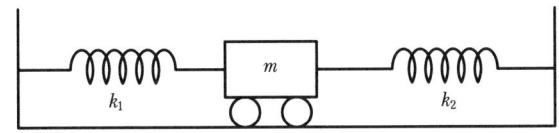

22.
Energy 보존법
$\dfrac{1}{2}m\dot{x}^2 + \dfrac{1}{2}J\dot{\theta}^2$
$= \dfrac{1}{2}m\dot{x}^2 + \dfrac{1}{2}\left(\dfrac{1}{2}m\right)^2 + \left(\dfrac{\ddot{x}}{\gamma}\right)^2$
$= \dfrac{3}{2}mx''$
$\therefore \dfrac{3}{4}mx''^2 + \dfrac{1}{2}ks = 0$
$x'' + \dfrac{2k}{3m}x = 0$
$\omega = \sqrt{\dfrac{2k}{3m}}$

23. 그림에서 보인 진동계에서 $\dfrac{k_1}{m} = 3$, $k_2 = 2k_1$이면 진동주기는 얼마인가?

㉮ 1.01초   ㉯ 1.5초
㉰ 2.1초   ㉱ 2.5초

23.
$k = k_1 + k_2 = 3m + 2 \times 3m = 9m$,
$f = \dfrac{\omega}{2\pi}$ 에서
주기 $T = \dfrac{2\pi}{\omega} = 2\pi\sqrt{\dfrac{m}{k}} = \dfrac{2\pi}{3}$
$= 2.1$초

24. 주기 T가 1sec인 단전자의 길이는?

㉮ 20cm   ㉯ 25cm
㉰ 30cm   ㉱ 35cm

24.
$T = 2\pi\sqrt{\dfrac{l}{g}}$
$l = \left(\dfrac{T}{2\pi}\right)^2 \cdot g = \left(\dfrac{1}{2\pi}\right)^2 \times 980$
$= 24.8$

25. 양단 자유인 봉이 세로 진동을 할 때 진동수는 얼마로 하면 되는가?(단, $a=\sqrt{\dfrac{E}{\rho}}$, a : 전파속도, ρ : 밀도, l : 봉의 길이)

㉮ $\dfrac{\pi a}{l}$ ㉯ $\dfrac{\pi}{2l}$

㉰ $\dfrac{2\pi a}{l}$ ㉱ $\dfrac{\pi a}{4l}$

25.
양단이 자유로우나 고정된 것은 진동방정식이
$\sin\dfrac{wl}{a}=0 : w=\dfrac{\pi a}{4l}$
일단고정, 자유단에서는 진동방정식이 $\cos\dfrac{wl}{a}=0 : w=\dfrac{\pi a}{2l}$

26. 다음 그림과 같이 원판이 비틀림 진동을 할 때 진동수는?

㉮ $2\pi\sqrt{\dfrac{k_1}{I}}$

㉯ $2\pi\dfrac{k_1}{I}$

㉰ $\dfrac{1}{2\pi}\cdot\sqrt{\dfrac{k_1}{I}}$

㉱ $\dfrac{1}{2\pi}\cdot\dfrac{I}{k_1}$

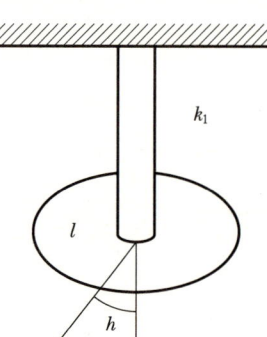

26.
이 계수의 운동방정식은
$I\ddot\theta+k_1=\theta$ 이므로 $\ddot\theta+\dfrac{k_1}{I}\theta=0$
각 진동수 $\omega=\sqrt{\dfrac{k_1}{I}}$
진동수 $f=\dfrac{\omega}{2\pi}=\dfrac{1}{2\pi}\sqrt{\dfrac{k_1}{I}}$

27. 다음 그림과 같이 연성진동(連成振動)을 하는 계가 있다. 봉의 길이는 둘 다 l이고, 천장으로부터 a떨어진 곳에 스프링 상수 K인 스프링으로 2개의 봉을 연결했다. 물체 m_1의 운동방정식을 세우시오.(단, 봉의 질량은 무시하고, 미소진동이다.)

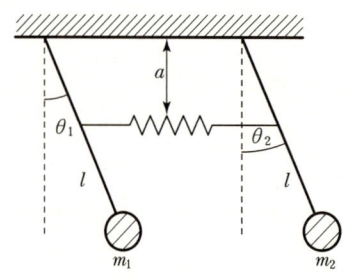

27.
① $m_1 l^2 \ddot\theta_1+(m_1 gl+Ka^2)\theta_1 -Ka^2\theta_2=0$
② $m_2 l^2 \ddot\theta_2+(m_2 gl+Ka^2)\theta_2 -Ka^2\theta_1=0$

해답 25. ㉮ 26. ㉰ 27. ㉱

㉮ $m_1 l^2 \ddot{\theta}_1 + (m_1+m_2)gl\theta_1 + Ka^2 \theta_2 = 0$

㉯ $m_1 l^2 \ddot{\theta}_1 + (m_1-m_2)gl\theta_1 + Ka^2 \theta_2 = 0$

㉰ $m_1 l^2 \ddot{\theta}_1 + (m_1 gl - Ka^2)\theta_1 + Ka^2 \theta_2 = 0$

㉱ $m_1 l^2 \ddot{\theta}_1 + (m_1 gl + Ka^2)\theta_1 - Ka^2 \theta_2 = 0$

28. 각 진동수 ω와 주기 t 및 진동수 f의 관계식 중 맞는 것은?

㉮ $f = 2\pi\omega$ ㉯ $f = \dfrac{1}{t} = \dfrac{\omega}{2\pi}$

㉰ $t = \dfrac{\omega}{f}$ ㉱ $f = \dfrac{1}{t} = \dfrac{2\pi}{\omega}$

28.

고유진동수 $f = \dfrac{\omega}{2\pi} = \dfrac{1}{t}$

29. 감쇠 진동계의 운동방정식 $m\ddot{x} + c\dot{x} + kx = 0$으로 표시될 때 임계 감쇠수를 나타내는 식이 아닌 것은?

㉮ $2\sqrt{mk}$ ㉯ $\dfrac{2k}{w_n}$

㉰ $2 w_n^2$ ㉱ $2m w_n$

29.

$\omega_n = \sqrt{\dfrac{k}{m}}$, $\omega_n^2 = \dfrac{k}{m}$, $k = m\omega_n^2$

$C_c^2 - 4mk = 0$ 에서,

$C_c = 2\sqrt{mk} = 2\sqrt{k \cdot \dfrac{k}{\omega_n^2}} = \dfrac{2k}{\omega_n}$

$= 2\sqrt{m^2 \cdot \omega_n^2} = 2m \cdot \omega_n$

30. 다음 중 단순조화운동 $x = A\sin(\omega t + \varphi)$에서 위상각은 어느 것인가?

㉮ ωt ㉯ $\omega t + \varphi$

㉰ φ ㉱ $\sin(\omega t + \varphi)$

30.

φ : 초기 위상각
$\omega t + \varphi$: 위상각
ω : 각 진동수

31. 다음 중 $x = 1 + j\sqrt{3}$의 조화운동을 Ae^{jwt}의 지수함수를 바르게 표시한 것은 어느 것인가?

㉮ $e^{j\frac{\pi}{3}}$ ㉯ $e^{j\frac{\pi}{4}}$

㉰ $2e^{j\frac{\pi}{3}}$ ㉱ $2e^{j\frac{\pi}{6}}$

31.

$X = 1 + j\sqrt{3}$
$= \sqrt{1+3}(\cos 60 + j\sin 60) = 2e^{j\frac{\pi}{3}}$

해답 28. ㉯ 29. ㉰ 30. ㉯ 31. ㉰

동역학

32. 다음 중 보의 고유진동수에 영향을 미치지 않은 것은 어느 것인가?
- ㉮ 초기조건
- ㉯ 보의 길이
- ㉰ 보양단의 지지조건
- ㉱ 보의 분포질량

33. 두 개의 조화진동 $x_1 = 3\sin 2t$와 $x_2 = 4\cos 2t$를 합성조화운동 $x = X\sin(2t+\varphi)$로 나타낼 수 있다. 다음 중에서 맞는 것은 어느 것인가?
- ㉮ $X=1,\ \varphi = \tan^{-1}\dfrac{3}{4}$
- ㉯ $X=5,\ \varphi = \tan^{-1}\dfrac{3}{4}$
- ㉰ $X=5,\ \varphi = \tan^{-1}\dfrac{4}{3}$
- ㉱ $X=7,\ \varphi = \tan^{-1}\dfrac{4}{3}$

33.
$X = X_1 + X_2$
$= 3\sin 2t + 4\cos 2t$
$= \sqrt{3^2 - 4^2} \cdot \cos\left(2t + \tan^{-1}\dfrac{4}{3}\right)$
$= 5\cos\left(2t + \tan^{-1}\dfrac{4}{3}\right)$

34. 그림과 같이 질량이 m이고 반지름이 r인 원통이 스프링과 연결되어 원통이 미끄럼 없이 구를 때 이 계의 주기는 얼마인가?
- ㉮ $T = 2\pi\sqrt{\dfrac{3m}{2k}}$
- ㉯ $T = \dfrac{1}{2\pi}\sqrt{\dfrac{2k}{3m}}$
- ㉰ $T = 2\pi\sqrt{\dfrac{2k}{3m}}$
- ㉱ $T = \dfrac{1}{2\pi}\sqrt{\dfrac{3m}{2k}}$

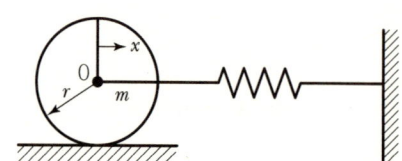

34.
에너지 보존법칙 중 운동에너지+위치에너지는 일정
$T = \dfrac{3}{4}m\dot{x}^2,\quad U = \dfrac{1}{2}kx^2,$
$\dfrac{d}{dt}(T+U) = 0$
$\left(\dfrac{3}{4}m\dot{x}^2 + \dfrac{1}{2}kx^2\right)' = 0$
$\dfrac{3}{2}m\ddot{x} + kx = 0,\quad \ddot{x} + \dfrac{2k}{3m}x = 0$
$T = \dfrac{2\pi}{\omega} = 2\pi\sqrt{\dfrac{3m}{2k}}$

35. 기계진동의 전달률(Transmissibility)을 1 이하로 조정하기 위해서는 진동수 비 ω/ω_n를 얼마로 하면 되는가?
- ㉮ $\sqrt{2}$ 이하로 한다.
- ㉯ 1 이상으로 한다.
- ㉰ 2 이상으로 한다.
- ㉱ $\sqrt{2}$ 이상으로 한다.

35.
$\gamma = \omega/\omega_n = \sqrt{2}$에서
전달률=1
∴ $\gamma \geq \sqrt{2}$

해답 32. ㉮ 33. ㉰ 34. ㉮ 35. ㉱

36. 대수감쇠율 δ는 감쇠계수를 c, 임계감쇠계수를 c_c라 할 때 다음 식 중에서 옳은 것은 어느 것인가?

㉮ $\delta = \dfrac{2\pi c}{c_c}$ ㉯ $\delta = \dfrac{2\pi c_c}{c}$

㉰ $\delta = \pi c c_c$ ㉱ $\delta = \dfrac{2(\pi + c)}{c_c}$

36.
대수감쇠율 $\delta = \dfrac{2\pi s}{\sqrt{1-s^2}}$ 에서
$9 < 1$ 이면
$\delta = 2\pi s, \quad s = \dfrac{\delta}{\sqrt{4\pi^2 + \delta}}$
$c < c_c \quad \delta = \dfrac{2\pi c}{c_c} = \dfrac{\pi c}{m w_n}$

37. 다음 그림과 같은 2차 유도 진동계의 진동수 방정식은 어느 것인가?

㉮ $\omega^4 - \dfrac{2k}{3m}\omega^2 = 0$

㉯ $\omega^4 - \dfrac{4k}{m}\omega^2 + \dfrac{k^2}{m^2} = 0$

㉰ $\omega^4 - \dfrac{3k}{m}\omega^2 + \dfrac{2k^2}{m^2} = 0$

㉱ $\omega^4 - \dfrac{4k}{m}\omega^2 + \dfrac{2k^2}{m^2} = 0$

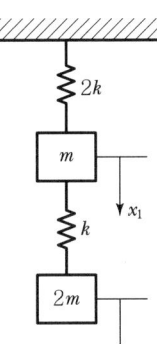

38. U형 시험관(U-Tube) 내에 들어 있는 유체의 운동은 조화운동으로 나타낼 수 있다. 시험관 내에 유체가 차지하는 길이를 l이라 하면 이 운동의 주기는?

㉮ $2\pi\sqrt{\dfrac{l}{g}}$ ㉯ $2\pi\sqrt{\dfrac{2l}{g}}$

㉰ $2\pi\sqrt{\dfrac{l}{2g}}$ ㉱ $2\pi\sqrt{\dfrac{g}{l}}$

38.
$m\ddot{x} + \gamma A 2x = 0$,
$\dfrac{\gamma A l}{g}\ddot{x} + \gamma A 2x = 0$
$\ddot{x} + \dfrac{2g}{l}x = 0$
$\omega = \sqrt{\dfrac{2g}{l}} \quad f = \dfrac{\omega}{2\pi} = \dfrac{1}{2\pi}\sqrt{\dfrac{2g}{l}}$,
$t = \dfrac{1}{f} = 2\pi\sqrt{\dfrac{l}{2g}}$

해답 36. ㉮ 37. ㉮ 38. ㉰

동역학

39. 그림과 같은 진동계에서 등가스프링 상수가 $\frac{k}{3}$ 가 되려면 스프링상수 k_1의 값은 어느 것인가?

㉮ $\frac{1}{2}k$
㉯ k
㉰ $2k$
㉱ $3k$

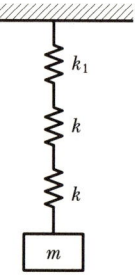

39.

$\frac{1}{k_1}+\frac{1}{k}+\frac{1}{k}=\frac{1}{k_1}+\frac{2}{k}=\frac{k+2k_1}{k_1 \cdot k}$

에서, $\frac{k_1}{k+2k_1}=\frac{k}{3}$

∴ $3k_1=k+2k_1$ $k_1=k$

 $k_1=1.44k$

40. 길이가 $2l$인 단진자의 주기는 길이가 l인 단진자의 주기의 몇 배인가?

㉮ $\frac{1}{2}$ ㉯ $\sqrt{2}$ ㉰ 3   ㉱ 6

40.

$f=\frac{\omega}{2\pi}=\frac{1}{2\pi}\sqrt{\frac{2g}{l}}$

$T=\frac{1}{f} \propto \sqrt{2}$

l인 길이 $t_1=2\pi\sqrt{\frac{l}{g}}$

$2l$인 길이 $T_2=2\pi\sqrt{\frac{2l}{g}}$

$T_1:T_2=1:\sqrt{2}$

41. 그림 (a)의 진동계를 그림 (b)와 같이 모형화했을 때 성립되는 관계식은?(EI : 외팔보의 굽힘강성)

㉮ $k_{eq}=EIL$
㉯ $k_{eq}=\frac{3EI}{L^3}$
㉰ $k_{eq}=\frac{L^3}{3EI}$
㉱ $k_{eq}=\frac{mgL}{3EI}$

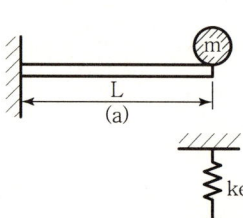

41.

$\delta=\frac{m \cdot g \cdot L^3}{3EI}=\frac{mg}{k}$, $k=\frac{3EI}{L^3}$

42. 회전속도가 150rpm일 때 주기는?

㉮ 150sec   ㉯ 5sec
㉰ 0.4sec   ㉱ 2.5sec

42.

$f=\frac{1}{t}=\frac{w}{2\pi}$

$t=\frac{2\pi}{w}=\frac{60 \times 2\pi}{2\pi \cdot 150}=\frac{2}{5}=0.4$

해답 39. ㉯ 40. ㉯ 41. ㉯ 42. ㉰

연습문제

43. 길이가 $2L$인 단진자의 주기는 길이가 L인 단진자의 주기의 몇 배인가?

㉮ $\sqrt{2\pi}$ ㉯ 2 ㉰ 1/2 ㉱ $\sqrt{2}$

44. 지구의 자전 주파수는 몇 rad/s인가?

㉮ $\omega = 1/(24 \cdot 3600)$ ㉯ $\omega = 2\pi(24 \cdot 3600)$
㉰ $\omega = 1/(2\pi \cdot 24 \cdot 3600)$ ㉱ $\omega = 1/(2\pi \cdot 24)$

45. 길이가 l이고, 밀도가 ρ, 탄성계수가 E인 양단이 자유인 봉이 종진동(Longitudinal vibration)을 할 때 제1고유 진동수는?

㉮ $\dfrac{\pi}{2l}\sqrt{\dfrac{E}{\rho}}$ ㉯ $\dfrac{2\pi}{l}\sqrt{\dfrac{E}{\rho}}$

㉰ $\dfrac{\pi}{l}\sqrt{\dfrac{E}{\rho}}$ ㉱ $\dfrac{\pi}{l}\sqrt{\dfrac{Eg}{\rho}}$

46. 질량을 m, 고유각 진동수를 ω_n, 감쇠계수를 c라 할 때 대수감쇠율 δ는 어느 것인가? (단, 감쇠비 $\zeta < 1$)

㉮ $\pi c / m \omega_n$ ㉯ $mc / \pi \omega_n$
㉰ $\pi m / c \omega_n$ ㉱ $c \omega_n / \pi m$

47. 동 흡진기에 대한 설명 중 틀린 것은?

㉮ 불필요한 기계진동을 감쇠시키거나 제거하는 데 사용한다.
㉯ 특정한 하나의 진동수에 대해 동작하며 좁은 진동 범위에서만 효과적이다.
㉰ 고압 송전선에 설치된 아령형 장치는 동흡진기의 한 예이다.
㉱ 일정속도로 회전하는 회전체에 주로 사용한다.

 Guide

43.
$2L$인 주기 $t_1 = 2\pi \cdot \sqrt{\dfrac{2 \cdot l}{g}}$
L인 주기 $t_2 = 2\pi \cdot \sqrt{\dfrac{l}{g}}$, $\dfrac{t_1}{t_2} = \sqrt{2}$

44.
$f = \dfrac{1}{t} = \dfrac{2\pi}{t} = \dfrac{2\pi}{24 \times 3600}$

45.
종진동 : 세로진동 전파속도
$a = \sqrt{E/\rho}$
진동수 방정식
① 양단자유 = (양단고정)
$\sin \dfrac{w}{w} \cdot l = 0$
$\dfrac{w}{a} \cdot l = \pi \cdot 2\pi \cdot 3\pi$
$w = \dfrac{\pi}{l} \cdot a = \dfrac{\pi}{l}\sqrt{\dfrac{E}{\rho}}$
② 자유단(외팔보)
$\cos \dfrac{w}{w} \cdot l = 0$
$\dfrac{wl}{a} = \dfrac{\pi}{2}$
$w = \dfrac{\pi a}{2l} = \dfrac{\pi}{2l}\sqrt{\dfrac{E}{\rho}}$

46.
감쇠비
$\Phi = \dfrac{C}{C_o} = \dfrac{C}{2\sqrt{mk}} = \dfrac{C \cdot w_n}{2k}$
대수감쇠율
$\delta = \dfrac{2\pi C}{C_c} = \dfrac{2\pi C}{2\sqrt{mk}} = \dfrac{\pi \cdot C}{m \cdot w_n}$
$w_n = \sqrt{k/m}$

해답 43. ㉱ 44. ㉰ 45. ㉰ 46. ㉮ 47. ㉮

48. 그림과 같은 외팔보에 초기변위 5mm를 가한 뒤 외팔보의 끝단에서 세 번째 진동변위를 측정한 값이 3mm이었다면 이 외팔보의 대수감쇠율은 얼마인가?

㉮ $\delta = \frac{1}{2} \ln \frac{5}{3}$

㉯ $\delta = \frac{1}{3} \ln \frac{3}{5}$

㉰ $\delta = \frac{1}{2} \ln \frac{3}{5}$

㉱ $\delta = \frac{1}{3} \ln \frac{5}{3}$

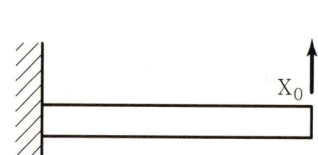

48.
$e^{3\delta} = \frac{X_o}{X_n} = \frac{5}{3}$, $3\delta = \ln \frac{5}{3}$
$\therefore \delta = \frac{1}{3} \ln \frac{5}{3}$

49. 길이 l인 실 끝에 질량 m인 추를 달고 이것을 흔들 때, 주기 T는 얼마인가?

㉮ $2\pi \sqrt{\frac{g}{l}}$

㉯ $\pi \sqrt{\frac{g}{l}}$

㉰ $\frac{1}{2\pi} \sqrt{\frac{g}{l}}$

㉱ $2\pi \sqrt{\frac{l}{g}}$

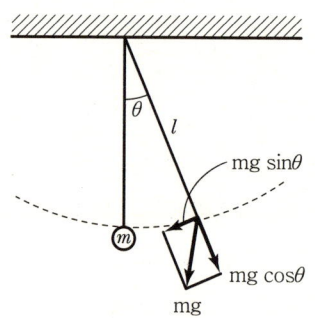

49.
$J = m \cdot l^2$,
$J\ddot{\theta} = -lm \cdot g \cdot \sin\theta$
$\ddot{\theta} + \frac{g}{l}\theta = 0$
$w = \sqrt{\frac{g}{l}}$, $\delta = \frac{1}{2\pi}\sqrt{\frac{g}{l}}$, $T = 2\pi\sqrt{\frac{l}{g}}$

50. 다음 중 비틂진자의 원리를 가장 잘 응용한 것은?

㉮ 선풍기
㉯ 수력발전기
㉰ 엘리베이터
㉱ 기계식 시계

51. 다음 그림과 같이 연성진동(連成振動)을 하는 계가 있다. 봉의 길이는 둘 다 l이고, 천장으로부터 a떨어진 곳에 스프링 상수 k인 스프링으로 2개의 봉을 연결했다. 물체 m_1의 운동방정식을 세우시오.(단, 봉의 질량은 무시하고, 미소진동이다.)

51.
$m_1 l^2 \ddot{\theta}_1 + (m_1 gl + Ka^2)\theta_1 - Ka^2\theta_2$
$= 0$
고유진동수
$w_1 = \sqrt{\frac{g}{l}}$, $w_2 = \sqrt{\frac{g}{l} + \frac{2ka^2}{m_1 l^2}}$

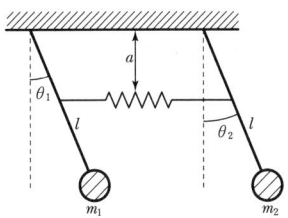

㉮ $m_1 l^2 \ddot{\theta}_1 + (m_1 + m_2) gl\theta_1 + ka^2 \theta_2 = 0$

㉯ $m_1 l^2 \ddot{\theta}_1 + (m_1 - m_2) gl\theta_1 + ka^2 \theta_2 = 0$

㉰ $m_1 l^2 \ddot{\theta}_1 + (m_1 gl - ka^2)\theta_1 + ka^2 \theta_2 = 0$

㉱ $m_1 l^2 \ddot{\theta}_1 + (m_1 gl + ka^2)\theta_1 - ka^2 \theta_2 = 0$

52. 비틂진동에서 주기 T는 얼마인가?

㉮ $T = 2\pi \dfrac{4WD^2 l}{gd^4 G}$

㉯ $T = 2\pi \sqrt{\dfrac{4WD^2 l}{\pi gd^4 G}}$

㉰ $T = 2\pi \dfrac{gd^4 G}{4WD^2 l}$

㉱ $T = 2\pi \sqrt{\dfrac{\pi gd^4 G}{4WD^2 l}}$

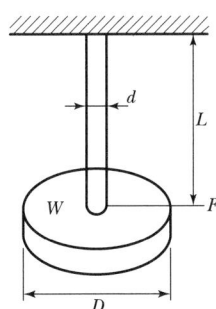

52.

$\ddot{\theta} + \dfrac{k}{J}\theta = 0$, $k = \dfrac{GI}{l}$, $J = \dfrac{WD^2}{8g}$

$f = \dfrac{l}{T} = \dfrac{1}{2\pi}\sqrt{\dfrac{k}{J}}$

$T = 2\pi\sqrt{\dfrac{J}{K}} = 2\pi\sqrt{\dfrac{kl}{GI}}$

$\quad = 2\pi\sqrt{\dfrac{4\omega D^2 l}{\pi gGd^4}}$

53. 그림과 같은 그래프의 일부분인 AB부분을 나타내는 함수식은? (단, $u(t) = 0$, $t < 0$일 때, $u(t) = 1$, $t \geq 0$일 때)

㉮ $f(x) = Pu(x)$

㉯ $f(x) = Pu(x-a)$

㉰ $f(x) = P[u(x-a) - u(x-b)]$

㉱ $f(x) = P[u(x-b) + u(x-a)]$

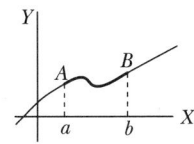

54. 무게 200kg의 기관을 감쇠없는 스프링으로서 지지한다. 회전수 2400rpm일 때 기초에 전해지는 힘의 전달률을 1/10로 하기 위해서 스프링 강도는 몇 kg/cm인가?

㉮ 862 ㉯ 1010 ㉰ 1172 ㉱ 1284

54.
전달률
$$TR = \frac{1}{r^2-1} = 0.1 에서$$
$$r^2 = \frac{\omega^2}{\omega_n^2} = 11$$
$$\omega = \frac{2\pi N}{60} = \frac{2\pi \times 2400}{60} = 251.3$$
$$K = \frac{m\omega^2}{r^2} = \frac{200 \times 251.3^2}{980 \times 11}$$
$$= 1168 \text{kg/cm}$$
$$w_n^2 = \frac{w^2}{r^2} = \frac{251.3^2}{11} = \frac{k}{m}$$
$$k = mw_n^2 = \frac{200}{982} \cdot \frac{251.3^2}{11}$$
$$= 1171.6 \text{kg/cm}$$
$$k = \frac{W}{g} \times \frac{251.3^2}{11} = \frac{200}{g} \times \frac{251.3^2}{11}$$
$$= 1170.7 \text{kg/cm}^2$$

55. 그림과 같은 진동계에서 상당 스프링계수는?

㉮ $k = k_1 + k_2$
㉯ $\frac{1}{k} = \frac{1}{k_1} + \frac{1}{k_2}$
㉰ $k = k_1 \times k_2$
㉱ $k = k_1/k_2$

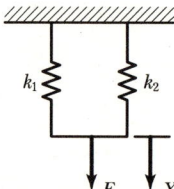

55.
$k = k_1 + k_2$

56. 보의 고유진동수는 양단의 지지조건에 따라서 달라진다. 지지조선 여하에 관계없이 고유진동수 f는 보의 길이에 따라서 다음과 같이 달라진다. 맞는 것은?

㉮ 길이에 비례한다.
㉯ 길이의 제곱에 비례한다.
㉰ 길이에 반비례한다.
㉱ 길이의 제곱에 반비례한다.

56.
2차 고유진동수는 길이의 제곱에 반비례한다.

57. 스프링으로 지지되어 있는 질량의 정적처짐이 0.5cm일 때 이 진동계의 고유진동수는 얼마인가?

㉮ 3.53CPS ㉯ 7.05CPS
㉰ 14.09CPS ㉱ 21.15CPS

57.
$$w_n = \sqrt{\frac{k}{m}} = \sqrt{g/\delta} = \sqrt{\frac{980}{0.5}} = 44\text{m}$$
$$f = \frac{w}{2\pi} = \frac{44.27}{2\pi} = 7.05$$

연습문제

58. 감쇠비율이 0.0681인 감쇠자유진동의 서로 이웃하고 있는 2개 사이클의 대수감쇠율은?

㉮ 0.429 ㉯ 1.54 ㉰ 4.29 ㉱ 15.4

59. $x_1 = 4\cos 50t$, $x_2 = 3\cos 49t$인 2개의 진동이 동시에 일어날 때 울림(beat)의 진동수를 구하시오.

㉮ 0.159CPS ㉯ 0.318CPS
㉰ 0.477CPS ㉱ 0.636CPS

60. 주기 T가 1sec인 단진자의 길이는?

㉮ 20cm ㉯ 25cm ㉰ 30cm ㉱ 35cm

61. 다음 중 의미가 다른 하나는 어느 것인가?

㉮ 모드 벡터(Mode Vector)
㉯ 특성 벡터(Characteristic Vector)
㉰ 고유 벡터(Eigen Vector)
㉱ 진동 벡터(Vibration Vector)

62. 다음 설명 중 틀린 것은?

㉮ Peak-To-Peak Level은 측정된 신호의 최대, 최소변위를 나타낸다.
㉯ Peak 값은 측정된 신호 중에서 Shock 값 등을 나타낼 수 있다.
㉰ RMS 값은 측정된 신호의 주파수 성분에 관계된다.
㉱ Average 값은 측정된 신호의 물리적인 양과는 직접적인 관련이 없다.

Guide

58.
$$\delta = \frac{2\pi s}{\sqrt{1-s^2}} = \frac{2\times\pi\times 0.0681}{\sqrt{1-0.0681^2}}$$
$$= 0.4286 = 0.429$$

59.
$$f_b = \frac{w_1 - w_2}{2\pi} = \frac{50-49}{2\pi} = 0.159$$

60.
$$t = 2\pi\sqrt{\frac{l}{g}} : l = \left(\frac{t}{2\pi}\right)^2 \cdot g = \left(\frac{1}{2\pi}\right)^2$$
$$\times 980 = 24.8 = 25\text{cm}$$

61. 진동 모드 해석 시에는 고유벡터(특성벡터)를 이용하여 행렬식을 이용하여 해석한다.

62.
Peak To Peak
진폭의 최대 최소변위 의미
Peak
변위의 Shock 값
RMS(Root Mean Square)
$\sqrt{(평균\ 실효값)^2}$

해답 58. ㉮ 59. ㉮ 60. ㉯ 61. ㉱ 62. ㉰

63. 그림과 같은 스프링, 질량, 풀리로 이루어진 계의 고유진동수를 바르게 나타낸 것은?(단, 질량 m, 스프링정수 k, 풀리의 질량과 마찰력은 무시한다.)

㉮ $f_n = (1/\pi)\sqrt{k/m}$
㉯ $f_n = (1/\pi)\sqrt{2k/m}$
㉰ $f_n = (1/2\pi)\sqrt{k/2m}$
㉱ $f_n = (1/4\pi)\sqrt{k/m}$

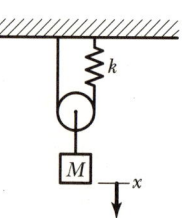

63.
$x' = x w_n$
$\therefore \frac{1}{2}mV^2 = \frac{1}{2}mx'^2 = \frac{1}{2}m \cdot x^2 w^2$
$\qquad = \frac{1}{2}k(2x)^2$
$\therefore w^2 = \frac{4k}{m}$
$\therefore f_n = \frac{1}{\pi}\sqrt{\frac{k}{m}}$

64. 어떤 진동계에 그림과 같은 힘이 입력으로서 주어졌다. 이 힘 $f(t)$는 다음의 어느 식으로 표시되는가?(단, 계단함수 $U(t)$는 $t<0$일 때 $U(t)=0$, $U(t)$는 $t>0$일 때 $U(t)=1$ 이다.)

㉮ $f(t) = P$
㉯ $f(t) = PU(t-t_1)$
㉰ $f(t) = PU(t_1-t_2)$
㉱ $f(t) = P[U(t-t_1) - U(t-t_2)]$

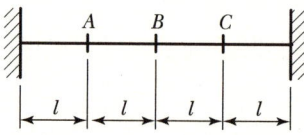

64.
$t-t_1 \rightarrow t-t_2$
$f(t) = P[U(t-t_1) - U(t-t_2)]$

65. Beam의 양끝단이 고정되어 있는 다음의 시스템에서 2차 고유진동수의 측정이 어려운 지점은?

㉮ A
㉯ B
㉰ C
㉱ A, B

65.

A·B·C의 진폭이 0이므로 측정불가
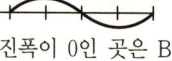
진폭이 0인 곳은 B

연습문제

66. n자유도계의 설명 중 틀린 것은?

㉮ n개의 2계 연립 상미분방정식의 한조로써 표시된다.
㉯ n개의 고유진동수가 존재한다.
㉰ 각 고유진동수에 대응하는 진동형(Mode of Vibration)은 같다.
㉱ 일반적으로 운동방정식이 연성되어 있다.

67. 비감쇠인 질량-스프링계에서 초기조건으로 x_0의 변위를 주어 가만히 놓은 상태에서 진동이 일어난다면 변위의 크기를 시간의 함수로 표시하는 식은?(단, w_n : 고유진동수)

㉮ $x_0 \sin w_n t$
㉯ $\dot{x}_0 \sin w_n t$
㉰ $x_0 \cos w_n t$
㉱ $\dot{x}_0 \cos w_n t +$

68. 그림과 같은 계에서 진폭이 감쇠되는 주기운동을 할 수 있는 m, k와 c의 관계는?(단, k : 스프링 상수, c : 감쇠계수, m : 질량)

㉮ $c = 2\sqrt{km}$
㉯ $c = \sqrt{km}$
㉰ $c < 2\sqrt{km}$
㉱ $c < \sqrt{km}$

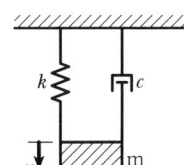

Guide

68.
아임계감쇠일 때 진폭이 감쇠되므로
$c < c_{cr}$
$\ddot{x} + \frac{c}{m}\dot{x} + \frac{k}{m}x = 0$에서
$\lambda = -\frac{c_{cr}}{2m} \pm \sqrt{\left(\frac{c_{cr}}{2m}\right)^2 - \frac{k}{m}}$
임계감쇠조건
$\left(\frac{c_{cr}}{2m}\right)^2 - \frac{k}{m} = 0$에서
$c_{cr} < 2 \cdot \sqrt{mk}$

69. 균일한 외팔보(Cantilever)의 끝에 집중질량이 작용할 때 자중에 의한 고유진동수를 f, 집중 질량만 고려한 고유진동수를 $\frac{1}{3}f$라 할 때 이 보의 고유진동수는 얼마인가?

㉮ $\frac{f}{\sqrt{3}}$
㉯ $\sqrt{3}\,f$
㉰ $\sqrt{10}\,f$
㉱ $\frac{1}{\sqrt{10}}$

69.
$\frac{1}{f_n^2} = \frac{1}{f^2} + \left(\frac{3}{f}\right)^2 = \frac{10}{f^2}$
$f_n = \frac{f}{\sqrt{10}}$

해답 66. ㉱ 67. ㉮ 68. ㉰ 69. ㉱

동역학

70. 그림과 같은 1자유도 진동계에서 W가 50N, k가 0.32N/cm 이고, 감쇠비 $\zeta=0.4$일 때, 이 진동계의 점성감쇠 c는 몇 N·s/m인가?

㉮ 10.22
㉯ 102.2
㉰ 5.48
㉱ 54.8

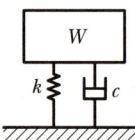

70.
$C_0 = 2\sqrt{mk} = 2\sqrt{\dfrac{50 \times 0.32 \times 100}{9.8}}$
$= 25.56 \quad \therefore \zeta = 0.4 = \dfrac{C}{C_0}$
$C = 0.4 \times C_O = 0.4 \times 25.56 = 10.22$

71. 다음 그림과 같은 비틀림 진동계에서 고유각진동수는? (단, k : 비틀림 스프링 상수, J : 관성 모멘트)

㉮ $\sqrt{k/J}$
㉯ $\sqrt{2k/J}$
㉰ $\sqrt{k/2J}$
㉱ $\sqrt{2kJ/3}$

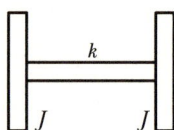

71.
$\dfrac{1}{J_e} = \dfrac{1}{J} + \dfrac{1}{J} = \dfrac{2}{J}$
$J_e = \dfrac{J}{2}$
$\therefore w_n = \sqrt{\dfrac{K}{J_e}} = \sqrt{\dfrac{2J}{K}}$

72. 진동계에서 일반해에 대한 설명 중 틀린 것은?

㉮ 일반해는 보함수와 특수해로 이루어진다.
㉯ 특수해는 가진력과 동일한 진동수를 갖는다.
㉰ 보함수는 계의 과도응답을 나타낸다.
㉱ 일반적으로 특수해는 임의의 상수를 포함하므로 초기 조건과 관련이 있다.

73. 그림과 같은 정상 정현파형의 변위가 있다. 이 진동에 관한 설명 가운데 맞는 것은?

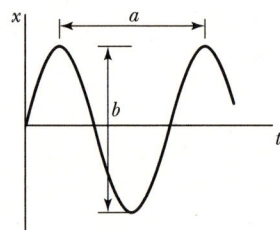

㉮ 진동수는 a이다.
㉯ b는 속도진폭을 나타낸다.

㉰ 이 진동의 진동 가속도 파형은 위상이 변할 뿐이며 역시 정상파형이 된다.
㉱ b의 크기를 알면 진동수를 알 수 있다.

74. ω의 각속도로 회전하는 연삭기가 스프링으로 지지되어 있다. 기초에 전달되는 힘을 $\dfrac{1}{10}$로 줄이려면 이 진동계의 고유 진동수를 얼마로 해야 하는가?

㉮ $\sqrt{\dfrac{\omega^2}{10}}$
㉯ $\sqrt{\dfrac{\omega^2}{11}}$
㉰ $\sqrt{\dfrac{\omega^2}{12}}$
㉱ $\sqrt{\dfrac{\omega^2}{13}}$

74.
$$\dfrac{1}{|r^2-1|}=\dfrac{1}{10} \quad r^2-1=10$$
$$r=\sqrt{11}=\dfrac{\omega}{\omega_n} \quad \omega_n=\sqrt{\dfrac{\omega^2}{11}}$$

75. 무게 2ton의 기계에 20kg$_f$의 조화 기진력을 가했더니 0.6sec 주기에서 2mm의 공진진폭이 생겼다. 계의 감쇠계수는 몇 kg$_f$·sec/cm인가?

㉮ 19 ㉯ 6.5 ㉰ 9.55 ㉱ 13

75.
$$w=\dfrac{2n}{T}=\dfrac{2\pi}{0.6}$$
$$V=X\cdot w=0.2\times\dfrac{2\pi}{0.6}$$
$$C_C=\dfrac{F}{V}=0.6\times20\times\dfrac{1}{0.2\times2\pi}$$
$$=9.55\,\text{kgs/cm}$$

76. $mx''+cx'+kx=0$으로 나타내지는 자유감쇠 진동계에서 감쇠비(Damping Ratio) ϕ를 나타내는 식이 아닌 것은?

㉮ $c/2mw_n$
㉯ $ck/2w_n$
㉰ $cw_n/2k$
㉱ $c/2\sqrt{mk}$

76.
∴ 감쇠비 $\phi=\dfrac{C}{C_C}=\dfrac{C}{2\sqrt{mk}}$
$$=\dfrac{C}{2mw_n}$$
$$C_C{}^2-4mk=0$$
$$C_C=2\sqrt{mk}=2mw_n=\dfrac{2k}{w_n}$$

77. 그림과 같이 질량을 무시할 수 있는 강체로 된 보 AB의 A점은 마찰없는 힌지(Hinge)로 지지되어 있고 B점은 질량 m을 떠받치고 있다. 보의 가운데점 C에 스프링 k_1이 달려있을 때 이 진동계의 운동방정식을 $m\ddot{x}+kx=0$이라고 놓으면 k의 값은?

㉮ $k=k_1$
㉯ $k=2k_1$
㉰ $k=k_1/2$
㉱ $k=k_1/4$

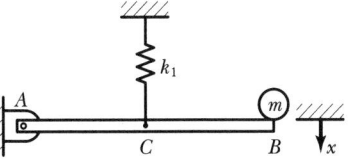

77.
운동방정식은
$$ml^2\ddot{\theta}+\dfrac{1}{4}k_1l^2\theta=0$$
$$k=\dfrac{k_1}{4}$$

해답 74. ㉯ 75. ㉰ 76. ㉯ 77. ㉱

동역학

78. 단위길이당 질량이 ρ인 줄에 장력 T가 작용하고 있다. 이 줄이 길이방향에 직각인 방향으로 진동할 때 운동방정식은 $\dfrac{\partial^2 y}{\partial x^2} = \dfrac{1}{c}\dfrac{\partial^2 y}{\partial t^2}$ 로 표시된다. 파형의 전파속도 c를 나타내는 식은?(단, x : 줄의 위치를 나타내는 좌표, y : 수직방향의 변위, c : 파의 전파속도)

㉮ $\sqrt{\dfrac{\rho}{T}}$ ㉯ $\sqrt{\dfrac{T}{\rho}}$ ㉰ $\dfrac{\rho}{T}$ ㉱ $\dfrac{T}{\rho}$

78.
$C = \sqrt{\dfrac{T}{\rho}}$
(ρ : 단위길이당 질량, T : 줄의 장력)

79. 그림에서 도시한 바와 같이 길이 l인 외팔보 끝에 질량 m이 매달려 있을 때 이 계의 고유진동수는?(단, 막대의 굽힘강성은 EI로 표시한다.)

㉮ $\dfrac{1}{2\pi}\sqrt{\dfrac{EI}{ml^3}}$

㉯ $\dfrac{1}{2\pi}\sqrt{\dfrac{EI}{3ml^3}}$

㉰ $\dfrac{1}{2\pi}\sqrt{EIml^3}$

㉱ $\dfrac{1}{2\pi}\sqrt{\dfrac{3EI}{ml^3}}$

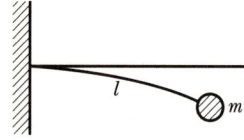

79.
$\delta = \dfrac{mgl^3}{3EI}$
$f_n = \dfrac{1}{2\pi}\sqrt{\dfrac{y}{\delta}} = \dfrac{1}{2\pi}\sqrt{\dfrac{3EI}{ml^3}}$

80. 다음 설명 중 맞는 것은?

㉮ 다자유도계란 감쇠성분을 반드시 두 개 이상 가지고 있어야만 한다.

㉯ 외팔보의 끝단에 추가 매달려 있는 경우에는 무조건 다자유도계로 해석해야 한다.

㉰ 모든 구조물은 다자유도계로 구성되어 있으나, 경우에 따라서는 1자유도계로 단순화할 수 있다.

㉱ 스프링에 추가 직렬로 두 개 연결되어 있는 경우에 1자유도계로 해석한다.

81. 어떤 조화 운동의 진폭은 9cm, 주기는 2초이다. 최대속도는 얼마인가?

㉮ 14.2m/sec ㉯ 213m/sec
㉰ 28.3m/sec ㉱ 35.4m/sec

81.
$t = \dfrac{2\pi}{w}$ 에서
$w = \dfrac{2\pi}{t} = \dfrac{2\pi}{2} = \pi$,
$V = x' = xw = 9 \times 3.14 = 28.3\text{m/s}$
$a = x'' = xw^2 = 9 \times 3.14^2 \text{m/s}^2$

해답 78. ㉯ 79. ㉱ 80. ㉰ 81. ㉰

연습문제

82. 각 진동수가 60rpm인 조화진동의 주기는 다음 중에서 어느 것인가?

㉮ 0.5sec ㉯ 1sec ㉰ 2sec ㉱ 3.14sec

82.
$f = \dfrac{w}{2\pi}$, $w = \dfrac{2\pi N}{60} = 2\pi$
$T = \dfrac{2\pi}{w} = 1\,\text{sec}$

83. $x'' + 6x = 3\cos 2t$로 표시되는 비감쇠 강제진동에서 정상상태 진폭은?

㉮ 1 ㉯ 1.5 ㉰ 2 ㉱ 2.5

83.
$mx'' + kx = f_0 \cos wt$
$m = 1$, $k = 6$, $w = 2$, $f_0 = 3$

84. 대수 감쇠율 δ를 대수감쇠비로 나타내면?

㉮ $\dfrac{\delta}{\sqrt{4\pi^2 + \delta^2}}$ ㉯ $\dfrac{1}{\sqrt{4\pi^2 + \delta^2}}$

㉰ $\dfrac{\delta^2}{4\pi^2 + \delta^2}$ ㉱ $\dfrac{\delta^2}{\sqrt{4\pi^2 + \delta}}$

84.
$\delta = \sqrt{\left(\dfrac{2\pi s}{1-s^2}\right)}$
$\delta^2 \times (1-s^2) = 4\pi^2 s^2$
$\therefore s^2 = \dfrac{\delta^2}{4\pi^2 + \delta^2}$

85. 감쇠강제 진동에서 공진위상각은 몇 도인가?

㉮ 0° ㉯ 30° ㉰ 60° ㉱ 90°

85.
위상각 $\phi = \tan^{-1}\dfrac{2\theta\gamma}{1-r^2}$에서 θ와 γ에 의해 0~180° 사이에 있으나 공진점에서 $\gamma = 1$이므로 $\phi = 90°$이다.

86. 그림과 같이 질량이 m이고 반지름이 r인 원통이 스프링과 연결되어 원통이 미끄럼 없이 구를 때 이 계의 주기는 얼마인가?

㉮ $T = 2\pi\sqrt{\dfrac{3m}{2k}}$

㉯ $T = \dfrac{1}{2\pi}\sqrt{\dfrac{2m}{2k}}$

㉰ $T = 2\pi\sqrt{\dfrac{2k}{3m}}$

㉱ $T = \dfrac{1}{2\pi}\sqrt{\dfrac{3m}{2k}}$

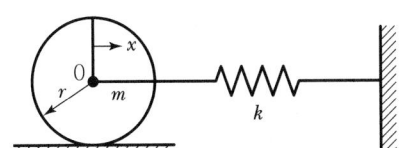

86.
에너지 보존법칙 중 운동에너지+위치에너지는 일정
$T = \dfrac{3}{4}mx^2$, $u = \dfrac{1}{2}kx^2$ $\dfrac{d}{dt}(T+U) = 0$
$\left(\dfrac{3}{4}mx^2 + \dfrac{1}{2}kx^2\right) = 0$
$\dfrac{2}{3}mx'' + kx = 0$ $x'' + \dfrac{2k}{3m}x = 0$
$T = \dfrac{2\pi}{w} = 2\pi\sqrt{\dfrac{3m}{2k}}$

해답 82. ㉯ 83. ㉯ 84. ㉮ 85. ㉱ 86. ㉮

87. 진동수(f)와 각 진동수(ω)와의 관계식은?

㉮ $f = 2\pi\omega$　　　㉯ $f = \dfrac{\omega}{2\pi}$

㉰ $f = \dfrac{1}{\omega}$　　　㉱ $f = \dfrac{2\pi}{\omega}$

87.

$f = \dfrac{1}{T} = \dfrac{2\pi}{w}$

(f : 고유 진동수, t : 주기, w : 각 진동수)

88. 0.0681인 감쇠 자유 진동에서 서로 이웃하고 있는 2개 사이클의 진폭 비는 얼마인가?

㉮ 0.0429　㉯ 0.325　㉰ 0.487　㉱ 0.64

88.

감쇠비 $\xi = 0.0681$

대수 감쇠율 $\delta = \dfrac{2\pi\xi}{\sqrt{1-\xi^2}}$

$= \dfrac{2\pi \times 0.0181}{\sqrt{1-0.0181^2}}$

$= 0.42866$

진폭비 $\dfrac{X_0}{X_1} = e^\delta = e^{0.42866} = 1.54$

89. 길이가 $2l$인 단진자의 주기는 길이가 l인 단진자의 주기는 몇 배인가?

㉮ $\dfrac{1}{2}$　㉯ $\sqrt{2}$　㉰ 3　㉱ 6

89.

$f = \dfrac{w}{2\pi} = \dfrac{1}{2\pi}\sqrt{\dfrac{2g}{l}} : \dfrac{1}{f} \propto \sqrt{2}$

l인 길이 $t_1 = 2\pi\sqrt{\dfrac{l}{g}}$

$2l$인 길이 $t_2 = 2\pi\sqrt{\dfrac{2l}{g}}$

$\therefore t_1 : t_2 = 1 : \sqrt{2}$

90. 질량 m, 반지름 r인 원통이 스프링 상수 k에 그림과 같이 연결되어 있다. 미끄럼 없이 구른다면 고유각 진동수는 얼마인가? (단, 원통의 관성 모멘트)

㉮ $\sqrt{\dfrac{3m}{2k}}$

㉯ $\sqrt{\dfrac{2k}{3m}}$

㉰ $\dfrac{3m}{2k}$

㉱ $\dfrac{2k}{3m}$

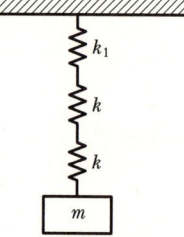

90.

에너지 보존법 $\dfrac{1}{2}mv^2 + \dfrac{1}{2}K\theta''^2$

$= \dfrac{1}{2}mx''^2\left(\dfrac{1}{2}m\right) + \left(\dfrac{x''}{\gamma}\right)^2$

$= \dfrac{3}{2}mx''$

$\therefore \dfrac{3}{4}mx'' + \dfrac{1}{2}kx = 0 \; x'' + \dfrac{2k}{3m}x = 0$

$w = \sqrt{\dfrac{2k}{3m}}$

91. 그림과 같이 쿨롱감쇠를 일으키는 진동계에서 마찰계수 $\mu = 0.1$, 질량 $m = 100$kg, 스프링 상수 $k = 981$N/cm이다. 초기 변위를 2cm 주었다가 놓을 때 4cycle 후의 진폭은 얼마가 되겠는가?

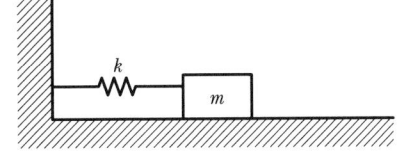

㉮ 0.4cm
㉯ 0.1cm
㉰ 2.4cm
㉱ 0.8cm

91.
쿨롱(Coulomb)감쇠계수
$$a = \frac{\mu mg}{k} = \frac{0.1 \times 100 \times 9.81}{981 \times 100} = 0.01\text{m}$$
$$= 0.1\text{cm}$$
$$\gamma_n = x - 2at = 2 - 2 \times 0.1 \times 8 = 2.4\text{cm}$$

92. 그림과 같은 일단고정보(외팔보)에서 질량 m이 상하진동 시 등가스프링 상수는?(단, EI : 외팔보의 굽힘강성)

㉮ $\dfrac{EI}{l^3}$ ㉯ $\dfrac{2EI}{l^3}$

㉰ $\dfrac{3EI}{l^3}$ ㉱ $\dfrac{4EI}{l^3}$

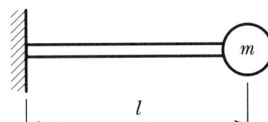

92.
$$\delta = \frac{mgl^3}{3EI}$$
$$k = \frac{mg}{\delta} = \frac{mg}{\frac{mgl^3}{3EI}} = \frac{3EI}{l^3}$$

93. 스프링으로 지지되어 있는 질량의 정적휨이 0.05cm일 때 스프링의 고유진동수는 얼마인가?

㉮ 22.3Hz ㉯ 223Hz ㉰ 310Hz ㉱ 3100Hz

93.
$$f_n = \frac{1}{2\pi}\sqrt{\frac{g}{\delta}} = \frac{1}{2\pi}\sqrt{\frac{980}{0.05}}$$
$$= 22.3\text{Hz}$$

94. 양단이 단순지된 그 첫째 고유진동수 ω_1으로 자유진동 할 때의 일차 진동모양(First Mode)의 개형은?

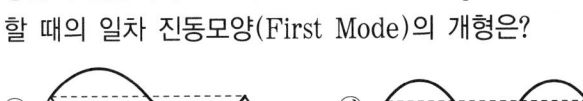

94.
㉮ Half Mode
㉯ First Mode(1차형 모드)

95. 조화진동을 하고 있는 어떤 물체의 진폭이 2m이고, 스프링 상수 K의 값이 2N/m이면 이 물체가 가질 수 있는 최대운동 에너지는 얼마인가?

㉮ 3J   ㉯ 4J   ㉰ 5J   ㉱ 6J

95.
$$U = \frac{1}{2}kx^2 = \frac{1}{2} \times 2 \times 2^2 = 4\text{J}$$

동역학

96. 다음 중 비틂진자의 원리를 가장 잘 응용한 것은?

㉮ 선풍기　　㉯ 수력발전기
㉰ 엘리베이터　㉱ 기계식 시계

97. 무게 1kN의 기계가 스프링 상수 $k = 50\text{kN/m}$인 스프링 위에 지지되어 있다. 크기가 50N인 조화 가진력이 기계에 작용하고 있다면 공진 진동수와 공진 진폭은 얼마인가? (단, 점성감쇠계수 $c = 6\text{kN·s/m}$이다.)

㉮ 1.5Hz, 0.018cm　㉯ 1.5Hz, 0.038cm
㉰ 3.5Hz, 0.019cm　㉱ 3.5Hz, 0.038cm

98. 그림에서 $x_1 = 3\cos t$이면 스프링의 최대 신장량은?
(단, $\dfrac{k}{m} = 4$이다.)

㉮ 1/3
㉯ 0.5
㉰ 1
㉱ 1.5

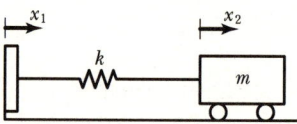

99. 자유도(Degrees of Freedom)가 5인 진동계에는 고유진동수(Natural Frequency)가 몇 개 있는가?

㉮ 1　㉯ 3　㉰ 5　㉱ 7

100. 질량 100kg의 기계가 스프링 정수 800kN/m인 스프링에 의해 지지되고 있고 3600rpm으로 회전하고 크기가 400N인 불평형력을 발생시킬 때 바닥에 전달되는 힘은 몇 N인가?(단, 댐핑계수 $\zeta = 0.2$이다.)

㉮ 92　㉯ 163　㉰ 46　㉱ 63

Guide

96.
비틂진자의 원리는 기계식 시계이다.

97.
$w_n = \sqrt{\dfrac{k}{m}} = \sqrt{\dfrac{gk}{w}} = \sqrt{\dfrac{9.8 \times 50}{1}}$
$= 22.13 \text{rad/s}$
$f_n = \dfrac{w_n}{2\pi} = \dfrac{22.13}{2\pi} = 3.52 \text{C.P.S}$
공진폭
$V = \dfrac{f_0}{C \cdot w_n} = \dfrac{0.05}{6 \times 22.13} \times 100$
$= 0.03765 = 0.038\text{cm}$

98.
$x_{1\max} = 3$
$x_2 = A\sin w_n t + B\cos w_n t + x't$
$x_2(0)$에서 : $A = 0$
$x_2'(0)$에서 $B = -\dfrac{x'}{w_n}$
$\therefore x_2 = B\cos w_n t + x't$
$\quad = -\dfrac{x'}{w_n}\cos w_n t + x' \cdot t$
$x_{2\max} = -\dfrac{3}{2} + 3 = \dfrac{5}{2}$
$\therefore x_1 - x_2 = 3 - \dfrac{5}{2} = 0.5$

99.
고유진동수와 자유도는 같다.

100.
$w_n = \sqrt{\dfrac{k}{m}} = \sqrt{\dfrac{800 \times 10^3}{100}} = 89.44 \dfrac{1}{s}$
$w = \dfrac{2\pi N}{60} = \dfrac{2 \times \pi 3600}{60} = 376.8 \dfrac{1}{s}$
$\therefore \dfrac{F}{F} = (T \cdot R)$
$= \sqrt{\dfrac{1 + \left(2\varphi\dfrac{w}{w_n}\right)^2}{\left[1 - \left(\dfrac{w}{w_n}\right)^2\right] + \left(2 \times \varphi \times \dfrac{w}{w_n}\right)^2}}$
$= \sqrt{\dfrac{1 + \left(2 \times 0.2 \dfrac{376.8}{89.44}\right)^2}{\left[1 - \left(\dfrac{376.8}{89.44}\right)^2\right] + \left[2 \times 0.2 \times \left(\dfrac{376.8}{89.44}\right)^2\right]}}$
$= 46\text{N}$

해답 96. ㉱ 97. ㉱ 98. ㉯ 99. ㉰ 100. ㉰

부 록

동역학 관련 수학공식

1 그리스 문자

그리스 문자		호 칭		그리스 문자		호 칭	
A	α	alpha	알 파	N	ν	nu	뉴 우
B	β	beta	베 타	Ξ	ξ	xi	크 사 이
Γ	γ	gamma	감 마	O	o	Omicron	오미크론
Δ	$\delta(\partial)$	delta	델 타	Π	π	Pi	파 이
E	ε	epsilon	입실론	P	ρ	rho	로 오
Z	ζ	zeta	제 타	Σ	σ	sigma	시 그 마
H	η	eta	에 타	T	τ	tau	타 우
Θ	$\theta(\vartheta)$	theta	데 타	Y	υ	upsilon	읍실론
I	ι	iota	이오타	Φ	$\phi(\varphi)$	phi	화 이
K	χ	kappa	카 파	X	χ	chi	카 이
Λ	λ	lambda	람 다	Ψ	ψ	psi	프 사 이
M	μ	mu	뮤 우	Ω	ω	omega	오 메 가

2 수학공식

(1) 2차 방정식의 근과 계수와의 관계

- $ax^2 + bx + c = 0 \quad ax^2 + 2b'x + c = 0$

$$x = \frac{-b \pm \sqrt{b^2 - 4ac}}{2a} \quad \text{또는} \quad x = \frac{-b' \pm \sqrt{b'^2 - ac}}{a}$$

- $\alpha + \beta = -\dfrac{b}{a}, \quad \alpha\beta = \dfrac{c}{a}$

(2) 인수분해

- $(a \pm b)^2 = a^2 \pm 2ab + b^2$
- $(a + b)(a - b) = a^2 - b^2$
- $(x - a)(x + b) = x^2 + (a + b)x + ab$
- $(ax + b)(cx + d) = acx^2 + (bc + ad)x + bd$
- $(a + b + c)^2 = a^2 + b^2 + c^2 - 2ab + 2bc + 2ca$
- $(a \pm b)^3 = a^3 \pm 3a^2b + 3ab^2 \pm b^3$
- $(a \pm b)(a^2 \mp ab + b^2) = a^3 \pm b^3$
- $(a + b + c)(a^2 + b^2 + c^2 - ab - bc - ca) = a^3 + b^3 + c^2 - 3abc$

(3) 지 수

- $a^m \times a^n = a^{m+n}$
- $a^m \div a^n = a^{m-n}$
- $(a^m)^n = a^{mn}$
- $a^{-m} = \dfrac{1}{a^m}$
- $a^{m/n} = \sqrt[n]{a^m} = (\sqrt[n]{a})^m$
- $(ab)^m = a^m b^m$
- $a^0 = 1 \ (a \neq 0)$

(4) 대 수

- $y = \log_a x \longleftrightarrow x = a^y$
- $\log_a a = 1$

- $\log_a 1 = 0 \quad (a > 0,\ a \neq 1)$
- $\log_a(xy) = \log_a x + \log_a y$
- $\log_a(x/y) = \log_a x - \log_a y$
- $\log_a x^n = n \log_a x$
- $\log_c a = \log_c b \times \log_b a$
- $\log_b a \times \log_a b = 1$
- $\log_a x$에서 $a = 10$일 때 상용대수라 하고 $\log x$로 표시한다.
  $a = e$일 때 자연대수라 하고 $\ln x$로 표시한다.
- $\log x = 0.4343 \ln x$
- $\ln x = 2.3026 \log x$
- $e = 2.718\ 2818284 \cdots$

(5) 삼각함수
- 호도(Radian)

  1 rad = 57° 17′ 45″

  π rad = 180° $y(\text{rad}) = \dfrac{\pi}{180} x(°)$

- 부채꼴의 길이 (L)와 면적 (S)

  $L = r\phi$

  $S = \dfrac{1}{2} r^2 \phi = \dfrac{1}{2} rL$ (단, ϕ의 단위는 rad)

- 삼각비

  $\sin \phi = \dfrac{a}{c}$, $\cos \phi = \dfrac{b}{c}$, $\tan \phi = \dfrac{a}{b}$

  $\operatorname{cosec} \phi = \dfrac{c}{a}$, $\sec \phi = \dfrac{c}{b}$, $\cot = \dfrac{b}{a}$

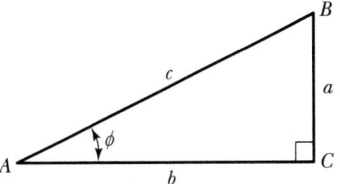

- 삼각함수의 상호 관계

$$\sin\phi = \frac{1}{\operatorname{cosec}\phi}, \quad \cos\phi = \frac{1}{\sec\phi}, \quad \tan\phi = \frac{1}{\cot\phi}$$

$$\frac{\sin\phi}{\cos\phi} = \tan\phi, \quad \frac{\cos\phi}{\sin\phi} = \cot\phi$$

$$\sin^2\phi + \cos^2\phi = 1$$

$$1 + \tan^2\phi = \sec^2\phi$$

$$1 + \cot^2\phi = \operatorname{cosec}^2\phi$$

- sin 및 cosine의 법칙

$$\frac{a}{\sin A} = \frac{b}{\sin B} = \frac{c}{\sin C} = 2R$$

(단, R는 외접원의 반지름)

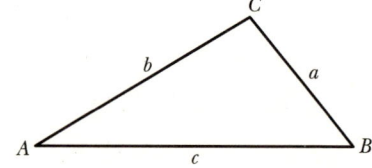

$$a = b\cos C + c\cos B \qquad a^2 = b^2 - c^2 - 2bc\cos A$$
$$b = c\cos A + a\cos C \qquad b^2 = a^2 + c^2 - 2ac\cos B$$
$$c = a\cos B + b\cos A \qquad c^2 = a^2 + b^2 - 2ab\cos C$$

- 삼각형의 면적

$$S = \frac{1}{a}b\sin C = \frac{1}{2}bc\sin A = \frac{1}{2}ca\sin B$$

- 삼각함수의 가감

$$\sin(\alpha \pm \beta) = \sin\alpha\cos\beta \pm \cos\alpha\sin\beta$$
$$\cos(\alpha \pm \beta) = \cos\alpha\cos\beta \mp \sin\alpha\sin\beta$$
$$\tan(\alpha \pm \beta) = \frac{\tan\alpha \pm \tan\beta}{1 \mp \tan\alpha\tan\beta}$$

- 배각 및 반각

$$\sin 2\phi = 2\sin\phi\cos\phi \qquad\qquad \sin 3\phi = 3\sin\phi - 4\sin^3\phi$$
$$\cos 2\phi = \cos^2\phi - \sin^2\phi \qquad \cos^3\phi = 4\cos^3\phi - 3\cos\phi$$
$$\qquad\quad = 2\cos^2\phi - 1$$
$$\qquad\quad = 1 - 2\sin^2\phi$$

$$\tan 2\phi = \frac{2\tan\phi}{1-\tan^2\phi}$$

$$\sin^2\frac{\phi}{2} = \frac{1-\cos\phi}{2}$$

$$\cos^2\frac{\phi}{2} = \frac{1+\cos\phi}{2}$$

$$\tan^2\frac{\phi}{2} = \frac{1-\cos\phi}{1+\cos\phi}$$

• 삼각함수의 그래프

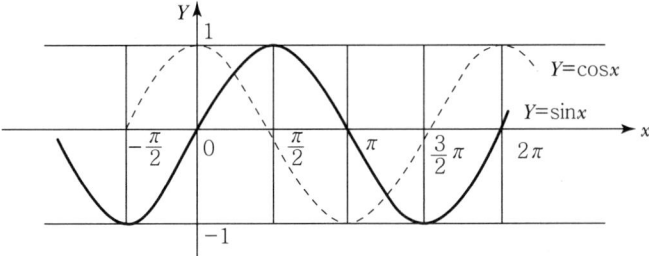

• 보각의 3각함수

  $\sin(180° \pm \theta) = \mp \sin\theta$

  $\cos(180° \pm \theta) = -\cos\theta$

  $\tan(180° \pm \theta) = \pm \sin\theta$

• 여각의 3각함수

  $\sin(90° \pm \theta) = +\cos\theta$

  $\cos(90° \pm \theta) = \mp \sin\theta$

  $\tan(90° \pm \theta) = \mp \cot\theta$

  $\cot(90° \pm \theta) = \mp \tan\theta$

- 3각함수와 지수함수의 관계

$$\sin x = \frac{1}{2j}(e^{jx} - e^{-jx}) \qquad \cos x = \frac{1}{2}(e^{jx} + e^{-jx})$$

$$\tan x = -j\frac{e^{2jx}-1}{e^{2jx}+1} = \frac{1}{j}\frac{e^{jx}-e^{-jx}}{e^{jx}+e^{-jx}}$$

$$e^{jx} = \cos x + j\sin x \qquad e^{-jx} = \cos x - j\sin x$$

(6) 복소수

$$j = \sqrt{-1}, \quad j^2 = -1, \quad j^3 = -j, \quad j^4 = 1$$

$$1/j = -j, \quad 1/j^2 = -1, \quad 1/j^3 = j, \quad 1/j^4 = 1$$

- a, b, c, d를 실수라 하면

$$a \pm jb = c \pm jd \text{이면} \quad a = c, \ b = d$$

$$a \pm jb = 0 \text{이면} \quad a = 0, \ b = 0$$

$$(a+jb) \pm (c+jd) = (a \pm c) + j(b \pm d)$$

$$(a+jb)(c+jd) = ac - bd + j(ad+bc)$$

$$\frac{a+jb}{c+jd} = \frac{ac+bd}{c^2+d^2} + j\frac{bc-ad}{c^2+d^2}$$

- 공액 복소수 $a+jb,\ a-jb$ 사이에는

$$(a+jb) + (a-jb) = 2a$$

$$(a+jb) - (a-jb) = 2jb$$

$$(a+jb)(a-jb) = a^2 + b^2$$

- 복소수 $z = a+jb$에서

  절대치 $|z| = \sqrt{a^2+b^2}$

  편 각 $\theta = \arg z = \tan^{-1}\frac{b}{a}$

$$a + jb = \sqrt{a^2+b^2}\,(\cos\theta + j\sin\theta) = \sqrt{a^2+b^2}\,\exp(j\theta)$$

$$a - jb = \sqrt{a^2+b^2}\,(\cos\theta - j\sin\theta) = \sqrt{a^2+b^2}\,\exp(-j\theta)$$

$$(a+jb)^n = \sqrt[n]{a^2+b^2}\,(\cos n\theta + j\sin n\theta)$$

$$r\underline{/\theta} = r(\cos\theta + j\sin\theta)$$

$$e^{j\theta} = \cos\theta + j\sin\theta \text{ (Euler의 정리)}$$

$$\cos\theta = \frac{1}{2}(e^{j\theta} + e^{-j\theta})$$

$$\sin\theta = \frac{1}{2j}(e^{j\theta} - e^{-j\theta})$$

$$(\cos\theta + j\sin\theta)^n = \cos n\theta + j\sin n\theta$$

(7) 근사치

$|x| \ll 1$ 에 대하여

$(1\pm x)^2 \fallingdotseq 1\pm 2x$ $\qquad (1\pm x)^n \fallingdotseq 1\pm nx$

$\sqrt{1+x} \fallingdotseq 1 + \frac{1}{2}x$ $\qquad \frac{1}{\sqrt{1+x}} \fallingdotseq 1 - \frac{1}{2}x$

$e^x \fallingdotseq 1 + x$ $\qquad \ln(1+x) \fallingdotseq x$

$\sin x \fallingdotseq 0$ $\qquad \sinh x \fallingdotseq x$

$\cos x \fallingdotseq 1$ $\qquad \cosh x \fallingdotseq 1 - x$

$\tan x \fallingdotseq x$ $\qquad \tanh x \fallingdotseq x$

$\tanh x \fallingdotseq 1$

(8) 미분공식

- $\dfrac{dc}{dx} = 0 \quad (c : 상수)$

- $\dfrac{d}{dx}(cu) = c\dfrac{du}{dx} \quad (c : 상수)$

- $\dfrac{d}{dx}(u \pm v) = \dfrac{du}{dx} \pm \dfrac{dv}{dx}$

- $\dfrac{d}{dx}(uv) = v\dfrac{du}{dx} + u\dfrac{dv}{dx}$

- $\dfrac{d}{dx}\left(\dfrac{u}{v}\right) = \dfrac{v\dfrac{du}{dx} - u\dfrac{dv}{dx}}{v^2}$

- $\dfrac{dy}{dx} = \dfrac{dy}{du} \cdot \dfrac{du}{dx}$

- $y = x^m \qquad\qquad y' = mx^{m-1}$

- $y = e^x$ $y' = e^x$
- $y = a^x$ $y' = a^x \log a$
- $y = \log x$ $y' = \dfrac{1}{x}$
- $y = \sin x$ $y' = \cos x$
- $y = \cos x$ $y' = -\sin x$
- $y = \tan x$ $y' = \dfrac{1}{\cos^2 x} = \sec^2 x$
- $y = \cot x$ $y' = -\dfrac{1}{\sin^2 x} = -\csc^2 x$
- $y = \sec x$ $y' = \sec x \cdot \tan x$
- $y = \csc x$ $y' = -\csc x \, \tan x$
- $y = \sin ax$ $y' = a \cos ax$
- $y = \cos ax$ $y' = -a \sin ax$
- $y = \sin^{-1} x$ $y' = \pm \dfrac{1}{\sqrt{1-x^2}}$

$$\begin{pmatrix} + : 2\pi n - \dfrac{\pi}{2} < y < 2\pi n + \dfrac{\pi}{2} \\ - : 2\pi n + \dfrac{\pi}{2} < y < 2\pi n + \dfrac{3\pi}{2} \end{pmatrix}$$

- $y = \cos^{-1} x$ $y' = \mp \dfrac{1}{\sqrt{1-x^2}}$

$$\begin{pmatrix} - : 2\pi n < y < (2n+1)\pi \\ + : (2n+1)\pi < y < (2n+2)\pi \end{pmatrix}$$

- $y = \tan^{-1} x$ $y' = \dfrac{1}{1+x^2}$
- $y = \sinh x$ $y' = \cosh x$
- $y = \cosh x$ $y' = \sinh x$
- $y = \tanh x$ $y' = \operatorname{sech}^2 x$
- $y = \cosh^{-1} x$ $y' = -\operatorname{cosech}^2 x$
- $y = \sinh^{-1} x$ $y' = \dfrac{1}{\sqrt{1+x^2}}$

- $y = \cosh^{-1} x$ $y' = \pm \dfrac{1}{\sqrt{x^2 - 1}}$ $(x^2 > 1)$

- $y = \tanh^{-1} x$ $y' = \dfrac{1}{1 - x^2}$ $(1 > x^2)$

- $y = \coth^{-1} x$ $y' = -\dfrac{1}{x^2 - 1}$ $(x^2 > 1)$

(9) 적분공식(적분상수는 생략함)

- $\int a\, dx = ax$

- $\int a \cdot f(x)\, dx = a \int f(x)\, dx$

- $\int \phi(y)\, dx = \int \dfrac{\phi(y)}{y'}\, dy, \quad y' = dy/x$

- $\int (u + v)\, dx = \int u\, dx + \int v\, dx$

- $\int u\, dv = uv - \int v\, du$

- $\int u \dfrac{dv}{dx}\, dx = uv - \int v \dfrac{du}{dx}\, dx$

- $\int x^n\, dx = x^{n+1}/n+1, \ (n \neq -1)$

- $\int \dfrac{f'(x)\, dx}{f(x)} = \log f(x), \quad [df(x) = f'(x)\, dx]$

- $\int \dfrac{dx}{x} = \log x$

- $\int \dfrac{f'(x)\, dx}{2\sqrt{f(x)}} = \sqrt{f(x)}, \ [df(x) = f'(x)\, dx]$

- $\int e^x\, dx = e^x$

- $\int e^{ax}\, dx = e^{ax}/a$

- $\int b^{ax}\, dx = \dfrac{b^{ax}}{a \log b}$

- $\int \log x\, dx = x \log x - x$

- $\int a^x \log a \, dx = a^x$

- $\int \dfrac{dx}{a^2+x^2} = \dfrac{1}{a} \tan^{-1}\left(\dfrac{x}{a}\right)$, 또는 $-\dfrac{1}{a} \cot^{-1}\left(\dfrac{x}{a}\right)$

- $\int \dfrac{dx}{a^2-x^2} = \dfrac{1}{a} \tanh^{-1}\left(\dfrac{x}{a}\right)$, 또는 $\dfrac{1}{2a} \log\left(\dfrac{a+x}{a-x}\right)$

- $\int \dfrac{dx}{x^2-a^2} = -\dfrac{1}{a} \coth^{-1}\left(\dfrac{x}{a}\right)$, 또는 $\dfrac{1}{2a} \log\left(\dfrac{x-a}{x+a}\right)$

- $\int \dfrac{dx}{\sqrt{a^2-x^2}} = \sin^{-1}\left(\dfrac{x}{a}\right)$, 또는 $-\cos^{-1}\left(\dfrac{x}{a}\right)$

- $\int \dfrac{dx}{\sqrt{x^2 \pm a^2}} = \log(x + \sqrt{x^2 \pm a^2})$

- $\int \dfrac{dx}{x\sqrt{x^2-a^2}} = \dfrac{1}{a} \cos^{-1}\left(\dfrac{a}{x}\right)$

- $\int \dfrac{dx}{x\sqrt{a^2 \pm x^2}} = -\dfrac{1}{a} \log\left(\dfrac{a+\sqrt{a^2 \pm x^2}}{x}\right)$

- $\int \dfrac{dx}{x\sqrt{a+bx}} = \dfrac{2}{\sqrt{-a}} \tan^{-1}\sqrt{\dfrac{a+bx}{-a}}$,

  또는 $\dfrac{-2}{\sqrt{a}} \tanh^{-1}\sqrt{\dfrac{a+bx}{a}}$

- $\int (a+bx)^n \, dx = \dfrac{(a+bx)^{n+1}}{(n+1)b}$ $(n \neq -1)$

- $\int \sin x \, dx = -\cos x$

- $\int \cos x \, dx = \sin x$

- $\int \tan x \, dx = -\log \cos x$ 또는 $\log \sec x$

- $\int \cot x \, dx = \log \sin x$

- $\int \sec x \, dx = \log \tan\left(\dfrac{\pi}{4} + \dfrac{x}{2}\right)$

- $\int \csc x \, dx = \log \tan \dfrac{1}{2} x$

- $\int \sin^2 x \, dx = -\dfrac{1}{2} \cos x \, \sin x + \dfrac{1}{2} x = \dfrac{1}{2} x - \dfrac{1}{4} \sin 2x$

- $\int \sin^3 x \, dx = -\frac{1}{3} \cos x (\sin^2 + 2)$

- $\int \sin^n x \, dx = -\frac{\sin^{n-1} x \, \cos x}{n} + \frac{n-1}{n} \int \sin^{n-2} x \, dx$

- $\int \cos^2 x \, dx = \frac{1}{2} \sin x \, \cos x + \frac{1}{2} x = \frac{1}{2} x + \frac{1}{4} \sin 2x$

- $\int \cos^3 x \, dx = \frac{1}{3} \sin x (\cos^2 x + 2)$

- $\int \cos^n x \, dx = \frac{1}{n} \cos^{n-1} x \, \sin x + \frac{n-1}{n} \int \cos^{n-2} x \, dx$

- $\int \sin \frac{x}{a} \, dx = -a \cos \frac{x}{a}$

- $\int \cos \frac{x}{a} \, dx = a \sin \frac{x}{a}$

- $\int \sin(a + bx) \, dx = -\frac{1}{b} \cos(a + bx)$

- $\int \cos(a + bx) \, dx = \frac{1}{b} \sin(a + bx)$

- $\int \frac{dx}{\sin x} = -\frac{1}{2} \log \frac{1 + \cos x}{1 - \cos x} = \log \tan \frac{x}{2}$

- $\int \frac{dx}{\cos x} = \log \tan \left(\frac{\pi}{2} + \frac{x}{2} \right) = \frac{1}{2} \log \left(\frac{1 + \sin x}{1 - \sin x} \right)$

- $\int \frac{dx}{\cos^2 x} = \tan x$

- $\int \frac{dx}{\cos^n x} = \frac{1}{n-1} \cdot \frac{\sin x}{\cos^{n-1} x} + \frac{n-2}{n-1} \int \frac{dx}{\cos^{n-2} x}$

- $\int \frac{dx}{1 \pm \sin x} = \mp \tan \left(\frac{\pi}{4} \mp \frac{x}{2} \right)$

- $\int \frac{dx}{1 + \cos x} = \tan \frac{x}{2}$

- $\int \frac{dx}{1 - \cos x} = -\cot \frac{x}{2}$

- $\int \sec^2 x \, dx = \tan x$

- $\int \sec^n x \, dx = \int \frac{dx}{\cos^n x}$

- $\int \csc^2 x \, dx = -\cot x$
- $\int \csc^n x \, dx = \int \dfrac{dx}{\sin^n x}$
- $\int x \sin x \, dx = \sin x - x \cos x$
- $\int \log x \, dx = x \log x - x$
- $\int x \log x \, dx = \dfrac{x^2}{2} \log x - \dfrac{x^2}{4}$
- $\int e^x dx = e^x$
- $\int e^{-x} dx = -e^{-x}$
- $\int e^{ax} dx = \dfrac{e^{ax}}{a}$
- $\int x e^{ax} dx = \dfrac{e^{ax}}{a^2}(ax - 1)$
- $\int x^m e^{ax} dx = \dfrac{x^m e^{ax}}{a} - \dfrac{m}{a} \int x^{m-1} e^{ax} dx$
- $\int \sinh x \, dx = \cosh x$
- $\int \cosh x \, dx = \sinh x$
- $\int \tanh x \, dx = \log \cosh x$
- $\int \coth x \, dx = \log \sinh x$
- $\int \operatorname{sech} x \, dx = 2 \tan^{-1}(e^x)$
- $\int \operatorname{csch} x \, dx = \log \tanh\left(\dfrac{x}{2}\right)$
- $\int x \sinh x \, dx = x \cosh x - \sinh x$
- $\int x \cosh x \, dx = x \sinh x - \cosh x$
- $\int \operatorname{sech} x \tanh x \, dx = -\operatorname{sech} x$
- $\int \operatorname{csch} x \coth x \, dx = -\operatorname{csch} x$

INDEX

(2)
2자유도계 ·· 159

(C)
CPM ·· 44

(G)
Grashof 조건 ··· 34

(P)
PERT ·· 44

(R)
Rayleigh 원리 ·· 120

(ㄱ)
가속도 ·· 16
가요성체 ·· 2, 72
각가속도 ·· 16
각변위 ·· 15
각속도 ·· 15
각역적 ·· 96
각운동량 ·· 96
각진동수 ·· 100
감쇠 과도진동 ··· 151
감쇠 자유진동 ··· 129
감쇠강제진동 ··· 145
감쇠비 ·· 109
감쇠요소 ·· 99
강제진동 ··· 100, 143
강체 ·· 2, 72
경사판 캠 ·· 43
고유진동수 ·· 159
고정연쇄 ·· 5
고차대우 ·· 5
고체감쇠 ·· 129
공구 ··· 3
공사비 ·· 50
과도진동 ·· 150
관성요소 ·· 99
구 ··· 9
구름마찰 ·· 90
구름운동 ·· 24
구름접촉 ······································· 12, 22, 39
구면대우 ·· 4
구면운동 ·· 11
구조물 ··· 3
구형 캠 ·· 42
그라스호프(Grashof) 조건 ······················· 34
그루블러(Gruebler) 방정식 ···················· 10
기계 ··· 3
기계운동학 ··· 1
기구 ··· 3
기기 ··· 3
기소 ··· 3
기진요소 ·· 99

(ㄴ)

나사 ·· 8
나사대우 ··· 4
나선운동 ·· 11

(ㄷ)

단면 캠 ·· 43
단진자운동 ································· 114
대우 ·· 4
독립여유시간 ································ 55
동역학 ······································· 2, 71
등가스프링상수 ·························· 125

(ㄹ)

레버 ·· 37
링크장치 ······································· 34

(ㅁ)

마찰 ·· 90
막대진자운동 ····························· 114
미끄럼 접촉 ·································· 39
미끄럼대우 ····································· 4
미끄럼마찰 ··································· 90
미끄럼운동 ··································· 24
미끄럼접촉 ······························ 12, 22

(ㅂ)

반대 캠 ·· 41
법선가속도 ··································· 16
벡터 ·· 13
벡터양 ·· 13
변위 ····································· 100, 109

병진운동 ································ 11, 72
보의 가로진동 ···························· 163
보의 세로진동 ···························· 162
분해법 ·· 32
불한정연쇄 ····································· 6
비감쇠 과도진동 ························ 150
비주기진동 ··································· 99
비틀림 고유각진동수 ················ 110
비틀림 고유진동수 ···················· 109
비틀림 주기 ······························· 110
비틀림 진동 ······························· 153
비틀림 탄성계 ···························· 110
비틀림각 ···································· 110

(ㅅ)

사이클 ·· 100
상대운동 ······································ 18
선대우 ·· 4
선변위 ·· 14
선속도 ·· 14
순간가속도 ··································· 73
순간속도 ······································ 73
순간중심 ······································ 23
스칼라양 ······································ 13
실린더 ·· 8
실진자 ·· 155

(ㅇ)

아임계감쇠 ································· 130
에너지 ·· 83
에너지 방법 ······························· 120
여유시간 ······································ 54
연쇄 ·· 5

운동량 …………………………………… 83
운동방정식 ……………………… 109, 159
운동에너지 ……………………………… 83
운동역학 …………………………… 2, 71
운동전달률 …………………………… 148
운동학 …………………………… 1, 13, 2, 71
원동절 ………………………………… 12
원뿔 캠 ………………………………… 42
원통 캠 ………………………………… 42
위상각 …………………… 100, 109, 110
위치에너지 ……………………………… 83
유체 ………………………………… 44, 71
이중 로커 ……………………………… 35
이중 크랭크 …………………………… 35
임계감쇠 ……………………………… 130
입체 캠 ………………………………… 42

(ㅈ)

자유 여유시간 ………………………… 54
자유도 …………………………………… 7
자유진동 ……………………………… 100
저차대우 ……………………………… 4, 7
전달률 ………………………………… 148
절 ………………………………………… 6
절대운동 ……………………………… 18
점대우 ………………………………… 4
점성감쇠 ……………………………… 129
접선가속도 …………………………… 16
정면 캠 ………………………………… 40
정역학 …………………………… 2, 72
조화운동 ………………………… 100, 102
종동절 ………………………………… 12
주공정 ………………………………… 45

주기 …………………………………… 100
주기진동 ………………………………… 99
지진계 ………………………………… 149
직선 운동 캠 ………………………… 41
진동 …………………………………… 99
진동계 ………………………………… 149
진동수 ………………………………… 100
진동수 방정식 ………………………… 159
진동절연 ……………………………… 148
진동측정 ……………………………… 148
진동형비 ……………………………… 159
진폭 …………………………… 100, 109, 110
질량관성 모멘트 J …………………… 110
질점 …………………………………… 2, 72

(ㅊ)

초임계감쇠 …………………………… 130
총 여유시간 …………………………… 54
총공기 ………………………………… 44
총비용 ………………………………… 44

(ㅋ)

캠 ……………………………………… 39
케네디 정리(Kennedy's Theorem) …… 25
쿨롱감쇠 ……………………………… 129
크랭크 ………………………………… 37

(ㅌ)

탄성에너지 ……………………………… 83
탄성요소 ………………………………… 99
탄성체의 진동 ………………………… 162

(ㅍ)

판 캠 ································· 40
평균가속도 ······················ 73
평균속도 ·························· 73
평면 캠 ···························· 40
평면운동 ···················· 11, 72
평판 ································· 9
평행선법 ··························· 32
프리즘 ······························ 8
핀이음 ······························ 7

(ㅎ)

한정연쇄 ··························· 5
현의 진동 ························ 164
회전대우 ··························· 4
회전반경법 ······················ 31
회전운동 ··················· 11, 73

동역학

발행일 / 2014년 9월 10일 초판 발행

저　자 / 국창호·서문원·한홍걸
발행인 / 정용수
발행처 / 예문사

주　소 / 경기도 파주시 직지길 460(출판도시) 도서출판 예문사
T E L / 031)955-0550
F A X / 031)955-0660

등록번호 / 11-76호

정가 : 17,000원

- 이 책의 어느 부분도 저작권자나 발행인의 승인 없이 무단 복제하여 이용할 수 없습니다.
- 파본 및 낙장은 구입하신 서점에서 교환하여 드립니다.
- 예문사 홈페이지 http://www.yeamoonsa.com

ISBN 978-89-274-1070-6   13550

이 도서의 국립중앙도서관 출판예정도서목록(CIP)은 서지정보유통지원시스템 홈페이지(http://seoji.nl.go.kr)와 국가자료공동목록시스템(http://www.nl.go.kr/kolisnet)에서 이용하실 수 있습니다. (CIP제어번호 : CIP2014024371)